微信公众平台Spring Boot应用开发入门 微课视频版

吴胜 ◎ 编著

清華大學出版社

北京

内容简介

本书以Java为开发语言，以Spring Boot为开发框架，由浅入深、循序渐进地介绍微信公众平台Spring Boot应用开发。本书分为三部分，共15章。第一部分为基础篇，包括第1～3章，介绍微信公众平台应用开发简介、Spring Boot应用开发入门和微信公众平台应用开发入门；第二部分为应用篇，包括第4～9章，介绍接收普通消息和被动回复消息，菜单和事件的应用开发，模板消息等消息能力的应用开发，素材管理的应用开发，用户管理的应用开发，账号管理的应用开发；第三部分为综合篇，包括第10～15章，介绍微信网页开发、智能接口的应用开发、与第三方API的整合开发、与微信其他技术的整合开发、微信公众号框架的应用开发和案例。

本书适合微信公众平台应用开发的初学者（特别是在校学生）、Spring Boot开发学习者等使用，可以作为教学用的教材、自学的入门读物、开发过程的参考书。

图书在版编目(CIP)数据

微信公众平台Spring Boot应用开发入门：微课视频版/吴胜编著．—北京：清华大学出版社，2022.6 (2023.11重印)
(清华科技大讲堂)
ISBN 978-7-302-60015-2

Ⅰ．①微…　Ⅱ．①吴…　Ⅲ．①JAVA语言－程序设计　Ⅳ．①TP312.8

中国版本图书馆CIP数据核字(2022)第020306号

责任编辑：陈景辉　张爱华
封面设计：刘　键
责任校对：郝美丽
责任印制：宋　林

出版发行：清华大学出版社
网　　址：https://www.tup.com.cn，https://www.wqxuetang.com
地　　址：北京清华大学学研大厦A座　　**邮　　编**：100084
社 总 机：010-83470000　　**邮　　购**：010-62786544
投稿与读者服务：010-62776969，c-service@tup.tsinghua.edu.cn
质量反馈：010-62772015，zhiliang@tup.tsinghua.edu.cn
课件下载：https://www.tup.com.cn，010-83470236
印 装 者：天津安泰印刷有限公司
经　　销：全国新华书店
开　　本：185mm×260mm　　**印　　张**：15　　**字　　数**：366千字
版　　次：2022年7月第1版　　**印　　次**：2023年11月第2次印刷
印　　数：1501～2000
定　　价：59.90元

产品编号：094854-01

前言

微信改变了人们的手机应用方式,微信(支付宝、百度等)小程序等开发形式则丰富了程序开发的范式。微信从推出至今,已经拥有微信小程序(含云开发)、微信公众平台、智能对话、开放平台、企业微信、微信支付、腾讯小微、小商店等众多技术和平台(统称为微信全生态),它们可以帮助组织和个人实现微信全生态的应用开发。微信公众平台是运营者通过公众号为微信用户提供资讯和服务的平台。与微信小程序开发相比,微信公众平台开发的学习难度更大,主要有三方面的原因。一是微信公众平台应用开发是基于规范、API 等的开发(官方提供的主要是规范、API,开发者可以用 Java、PHP 或 Ruby 等进行开发),而微信小程序开发主要是对组件、API 等的应用(官方提供了一整套开发解决方案)。二是微信公众平台官方文档内容略显简单,术语表述较为专业化,这对没有公众平台开发经验的开发者来说理解起来较为困难。三是微信公众平台官方文档中示例以 PHP 为开发语言,一些书籍也主要以 PHP 为开发语言来进行实战演练,这使得非 PHP 开发者可参考的资料偏少。考虑到 Java 语言的通用性、Spring Boot 的简易性,本书主要介绍如何用 Spring Boot 进行微信公众平台的应用开发。

本书主要内容

本书可视为一本同时介绍微信公众平台应用开发和 Spring Boot 应用开发的入门书籍,非常适合具备一定编程基础的读者学习。读者可以在短时间内学习本书中介绍的所有内容。

作为一本关于微信公众平台应用开发和 Spring Boot 应用开发的入门书籍,本书共分为三部分,共有 15 章。

第一部分为基础篇,包括第 1~3 章。

第 1 章主要介绍微信公众平台应用开发简介,包括微信和微信公众平台简介、微信公众平台相关技术的发展简史、微信公众平台应用开发的准备工作、微信公众平台应用开发的分类和微信公众平台 Spring Boot 应用开发的原理等内容。

第 2 章主要介绍 Spring Boot 应用开发入门,包括 Spring Boot 简介和实现 Hello World 的 Web 应用等内容。

第 3 章主要介绍微信公众平台应用开发入门,包括获取 access_token、网络检测、获取 IP 地址和验证消息来自微信服务器等内容。

第二部分为应用篇,包括第 4~9 章。

第 4 章主要介绍接收普通消息和被动回复消息,包括说明、收到消息后进行简单回复和收到消息后根据情况进行回复等内容。

第 5 章主要介绍菜单和事件的应用开发,包括说明和自定义菜单的应用开发等内容。

第 6 章主要介绍模板消息等消息能力的应用开发,包括说明、模板消息的应用开发、接口调用频次、获得公众号的自动回复规则、客服消息、语音消息识别和表情消息的应用开发等内容。

第 7 章主要介绍素材管理的应用开发,包括说明和素材管理的应用等内容。

第 8 章主要介绍用户管理的应用开发,包括说明和用户管理的应用等内容。

第 9 章主要介绍账号管理的应用开发,包括说明和二维码的应用开发等内容。

第三部分为综合篇,包括第 10~15 章。

第 10 章主要介绍微信网页开发,包括说明、OAuth2.0 网页授权的应用开发和 JS-SDK 的应用开发等内容。

第 11 章主要介绍智能接口的应用开发,包括说明、语义理解的应用开发和翻译的应用开发等内容。

第 12 章主要介绍与第三方 API 的整合开发,包括通过聚合数据 API 实现天气预报的应用开发、通过聚合数据 API 实现其他信息查询的应用开发、通过百度 API 实现天气预报的应用开发和百度地图等 API 的应用开发等内容。

第 13 章主要介绍与微信其他技术的整合开发,包括微信公众号中调用微信小程序的应用开发和微信公众号中调用微信对话开放平台的应用开发等内容。

第 14 章主要介绍微信公众号框架的应用开发,包括 EasyWeChat 的应用开发、FastWeixin 的应用开发和 WxJava 的应用开发等内容。

第 15 章主要介绍开发一个简易的个人微信公众号案例,包括应用开发以及程序功能和说明等内容。

本书特色

(1) 按照学习难度由小到大、应用开发的先后次序,对基础理论知识点进行讲解。

(2) 以 Spring Boot 为开发框架,配有微课视频讲解,便于读者学习和掌握。

(3) 实战案例丰富,涵盖 31 个知识点案例和 1 个完整项目案例。

(4) 尽量避免对微信公众平台官方文档中 API 的直接展示,规避重复描述代码。

配套资源

为便于教学,本书配有 110 分钟微课视频、源代码、教学课件、教学大纲、教学进度表、习题答案、期末考试试卷及答案。

(1) 获取微课视频方式:先扫描本书封底的文泉云盘防盗码,再扫描书中相应的视频二维码,观看教学视频。

(2) 获取源代码方式:先扫描本书封底的文泉云盘防盗码,再扫描下方二维码,即可获取。

源代码

源代码使用说明(视频版)

(3) 其他配套资源可以扫描本书封底的“书圈”二维码，关注后回复本书的书号即可下载。

读者对象

本书适合微信公众平台应用开发的初学者(特别是在校学生)、Spring Boot 开发学习者等，可以作为教学用的教材、自学的入门读物、开发过程的参考书。

本书的主要内容参考了微信公众平台官方文档，在参考文献已经列出，在此向微信公众平台开发解决方案和官方文档的作者表示衷心的感谢和深深的敬意。本书的编写还参考了诸多相关资料，在此也表示衷心的感谢。

特别声明：本书中的案例仅供学术分享使用，并不涉及商业行为。

限于个人水平和时间仓促，书中难免存在疏漏之处，欢迎读者批评指正。

作 者

2022 年 5 月

目录

第一部分 基础篇

第二部分 应 用 篇

第三部分 综 合 篇

第一部分　基础篇

第1章

微信公众平台应用开发简介

本章先简要介绍微信和微信公众平台，再介绍微信公众平台相关技术的发展简史、微信公众平台应用开发的准备工作、微信公众平台应用开发的分类和微信公众 Spring Boot 平台应用开发的原理等内容。

1.1 微信和微信公众平台简介

1.1.1 微信简介

微信是一款由腾讯公司向用户提供的跨平台的手机应用程序（简称 App），支持单人、多人参与，在发送语音短信、视频、图片、表情和文字等即时通信服务的基础上，可以为用户提供关系链拓展、便捷工具、微信公众平台、开放平台、与其他软件或硬件信息互通等功能或内容。

使用微信前需要下载微信客户端软件。微信客户端软件包括但不限于 iOS、Android、Windows、Mac 等多个应用版本，用户必须选择安装与终端设备相匹配的版本。微信网页版、Windows 版、Mac 版等需要通过二维码扫描登录。

1.1.2 微信公众平台简介

微信公众平台是运营者通过微信公众号（公众号）为用户提供资讯和服务的平台，运营者（或委托开发者）应用微信公众平台所提供的接口、规范等技术解决方案（简称接口）开发出组织（或个人）的公众号是提供这些服务的基础。公众号主要通过消息会话和公众号内网页为用户提供服务。消息会话是公众号与用户交互的基础。目前公众号主要支持群发消息、被动回复消息、客服消息、模板消息等几类消息。

公众号可以以一定频次向用户群发文本、图文、图片、视频、语音等消息。用户给公众号发消息后，微信服务器会将消息转发到预先设置的公众号服务器地址，公众号可以回复一个消息，也可以回复命令告诉微信服务器这条消息暂不回复。用户给公众号发消息后，公众号可以给用户发送不限数量的客服消息。在需要对用户发送服务通知（如刷卡提醒等）时，公众号可以用特定内容模板主动向用户发送消息（即是模板消息）。

在许多复杂的业务场景中，需要通过网页形式（即公众号内网页）来提供服务，这时需要用到网页授权获取用户基本信息、微信 JS-SDK 等。微信 JS-SDK 是对 WeixinJSBridge（或称为微信 JSBridge）的一个包装，开发者可以使用它在网页上录制和播放微信语音、监听微信分享、上传手机本地图片、拍照等。

1.2 微信公众平台相关技术的发展简史

1.2.1 微信发展简史

2011 年 1 月，腾讯推出微信 App 1.0 for iOS、1.0 for Android（因为两个平台微信发布时间同步，后面章节的版本除非明确说明均是指两个平台的版本）。2011 年 5 月，微信发布了 2.0 版。2011 年 10 月，微信发布了 3.0 版。2012 年 4 月，微信发布了 4.0 版。2013 年 8 月，微信发布了 5.0 版。2014 年 2 月，微信 Mac 版 1.0 发布。2014 年 10 月，微信发布了 6.0 版。2015 年 1 月，微信 Windows 版 1.0 发布。2017 年 1 月，微信网页版 2.1 版发布。2018 年 12 月，微信发布 7.0.0 版。2020 年 10 月，微信 Windows 版 3.0.0 发布。2021 年 1 月，微信发布 8.0.0 版。2021 年 3 月，微信 Mac 版 3.0.0 发布。2022 年 4 月，微信 Mac 版 3.4.0 发布。2022 年 5 月，微信发布了 8.0.23 版，微信 Windows 版 3.7.0 发布。

1.2.2 微信公众平台发展简史

2015 年 3 月，微信公众平台提供接口测试账号，测试账号获得了与认证服务号相同的能力。新增素材管理接口。

2015 年 4 月，新增获取自动回复和自定义菜单配置接口。

2015 年 5 月，向认证的政府与媒体类订阅号开放网页授权接口。

2015 年 6 月，新增申请开通摇一摇周边接口。为了帮助开发者提高效率，用户管理接口中新增批量获取用户基本信息的接口。

2015 年 7 月，使用获取自动回复配置接口和获取菜单配置接口获取公众号配置时，图文消息的配置将增加 mediaID 信息的输出。卡券接口部分新增数据接口、会员卡信息查询接口（含积分查询）。增加了群发图文消息时使用的图片上传接口。

2015 年 8 月，微信连 WiFi 新增获取公众号联网 URL 接口，获取二维码物料接口中更新了二维码物料样式。

2015 年 11 月，客服接口增加支持发送图文消息(跳转到图文消息页)的接口。

2015 年 12 月，新增个性化菜单接口，通过该接口可以让公众号的不同用户群体看到不一样的自定义菜单。

2016 年 1 月，在素材管理接口中获取图文消息素材时，为了防止图文消息素材的封面图片 media_id(或 mediaID)失效，增加了封面图片 URL 字段的输出。

2016 年 4 月，推出用户标签接口，涉及的更新包括用户标签管理、获取用户基本信息(UnionID 机制)、个性化菜单接口和高级群发接口等。

2016 年 8 月，新增黑名单管理接口。

2017 年 5 月，新增图文消息留言管理接口。

2017 年 6 月，图文消息正文支持插入自己账号和其他公众号已群发的图文消息超链接。

2018 年 11 月，为了帮助开发者排查回调连接失败的问题，新增网络检测 API。

2020 年 3 月，为了提高 API 调用的安全性，新增获取 access_token 和 API 群发相关安全保护机制。

2022 年 5 月，发布接口(反映公众平台发布能力的接口)新增返回 msg_data_id 字段，接收普通消息(且消息来自文章)时新增返回 MsgDataId 字段、Idx 字段。

1.2.3　微信小程序、基础库和开发工具发展简史

2016 年 1 月，微信团队首次提出了“应用号”概念，同日公众平台发布微信 Web 开发者工具(简称开发工具、开发者工具)。2016 年 9 月，微信应用号更名为微信小程序。

2017 年 1 月，开发工具更新到 0.11.122100 版。2017 年 2 月，基础库更新到 1.0.0 版。2017 年 8 月，小程序新版开发工具内测 beta 版(1.00.170818 版)发布。2017 年 9 月，开发工具更新到 1.01.170925 版。

2017 年 12 月，微信 6.6.1 版开放了小游戏，微信启动页面还重点推荐了小游戏“跳一跳”，可以通过小程序找到已经玩过的小游戏。

2018 年 4 月，基础库更新到 2.0.0 版。2018 年 11 月，基础库更新到 2.4.1 版，2.4.1 版支持云开发；开发工具更新到 1.02.1811290 版。2018 年 8 月，基础库新增小程序云开发 SDK(称为 wx-server-sdk)，即发布 0.0.7 版 wx-server-sdk，该版本新增云开发数据库、云函数和文件存储基础能力。2018 年 12 月，基础库更新到 2.4.3 版，开发工具更新到 1.02.1812270 版。

2019 年 9 月，基础库更新到 2.8.3 版，开发工具发布稳定版 1.02.1910120。2019 年 12 月，基础库更新到 2.10.0 版，发布 1.7.0 版 wx-server-sdk。

2020 年 4 月，发布的 1.8.3 版 wx-server-sdk 新增定义文件 index.d.ts。2020 年 6 月，发布 2.1.1 版 wx-server-sdk。2020 年 9 月，1.1.0 版云开发 Web SDK 发布，新增支持通过公众号网页授权登录、公众号使用小程序云开发资源(即环境共享)、云托管等功能。2020 年 10 月，基础库更新到 2.14.0 版。

2021 年 6 月，基础库更新到 2.18.0 版。2021 年 7 月，基础库更新到 2.19.0 版，开发工

具更新到 1.05.2107090 版。

2021 年 10 月，基础库更新到 2.20.0 版，开发工具更新到 1.05.2110290 版。

2021 年 11 月，基础库更新到 2.21.0 版。

2022 年 1 月，基础库更新到 2.22.0 版。

2022 年 3 月，基础库更新到 2.23.0 版。

2022 年 4 月，基础库更新到 2.24.0 版，开发工具更新到 1.05.2204250 版。

截至 2022 年 6 月，开发工具更新到 1.06.2206090 版，wx-server-sdk 更新到 2.5.4 版。

1.3 微信公众平台应用开发的准备工作

视频讲解

1.3.1 服务器配置和接口配置

微信公众平台应用开发是指利用微信公众平台所提供的接口进行的开发。微信公众平台的一些高级接口需要微信认证后才可以获取。对于个人开发者，无法使用到这些功能。为了帮助开发者快速上手微信公众应用开发，微信推出了公众账号测试号。测试号的功能与企业认证公众号的功能相异之处不多且开发方法相同，在学习阶段可以通过测试号进行开发（本书也主要采用测试号进行开发）。单击微信公众平台官方文档中超链接"进入微信公众账号测试号申请系统"，如图 1-1 所示。

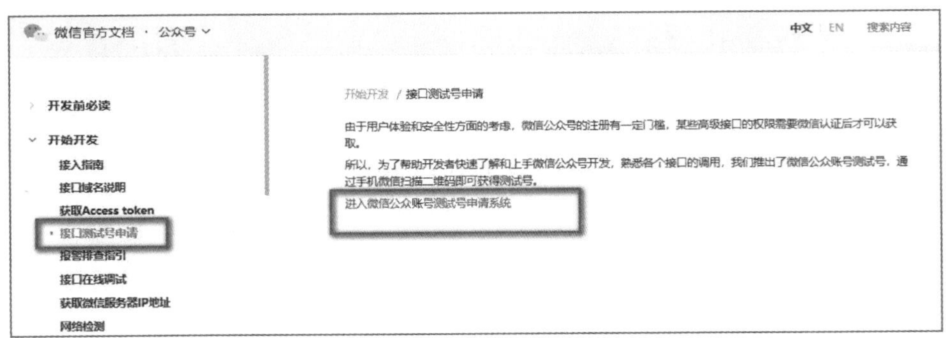

图 1-1 微信公众平台官方文档中超链接"进入微信公众账号测试号申请系统"

跳转到微信公众平台接口测试账号申请界面，如图 1-2 所示。单击"登录"按钮后，跳转到一个包含二维码的登录页面，如图 1-3 所示。注意，图 1-3 中的二维码为动态二维码。请读者在开发时，以实际为准。通过手机微信扫描二维码即可获得测试号，并跳转到测试号的后台管理界面。

在测试号的管理后台界面中，自动生成的测试号信息如图 1-4 所示。开发前，可以申请服务器（如腾讯云服务器）。申请了服务器，可以直接填写服务器 URL 和 Token（可以填写任意字符串）。没有申请服务器，可以采用 Ngrok（或花生壳）等内网穿透工具模拟服务器进行开发，设置完成内网穿透工具后填写服务器 URL 和 Token 信息，如图 1-4 所示。在此基础上就可以进行开发了。

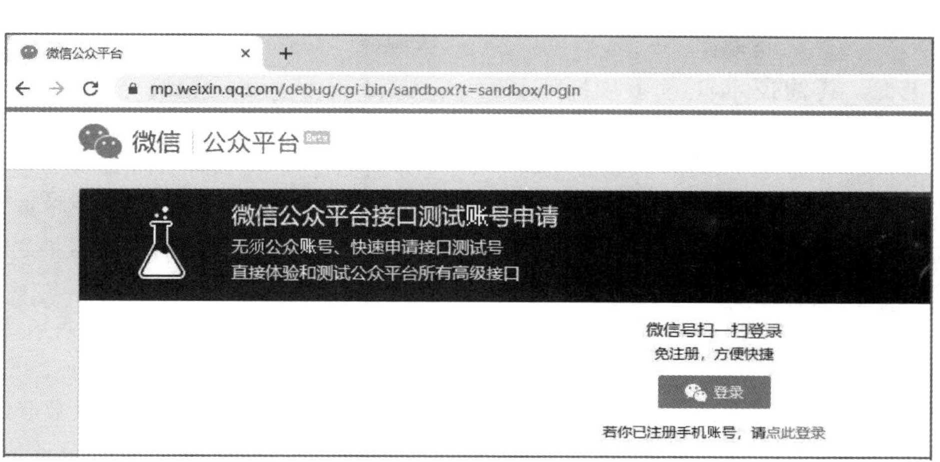

图 1-2　微信公众平台接口测试账号申请界面

图 1-3　微信公众平台接口测试账号登录界面

图 1-4　微信公众平台接口测试账号管理后台界面

1.3.2 其他技术注意事项

公众号接口必须以 http://或 https://开头，分别支持 80 端口和 443 端口。端口号被占用或没有权限会给出错误信息。用户每次向公众号发送消息、产生自定义菜单或产生微信支付订单等情况时，图 1-4 中所示的公众号(服务器)URL 将得到微信服务器推送过来的消息和事件，公众号可以依据自身业务逻辑进行响应，如回复消息。

微信公众平台以 access_token(注意它和图 1-4 中的 Token 不同)为接口调用凭据，所有接口的调用需要先获取 access_token，access_token 在 2 小时(简写为 2h，后面章节相同)内有效，过期可以且必须重新获取，但 1 天(简写为 1d，后面章节相同)内获取次数有限制。

在开发过程中，可以使用手机、工具 Postman、微信公众平台接口调试工具(可参考 1.3.3 节)来运行程序或调试某些接口。出现问题时，可以通过返回码以及报警排查指引来发现和解决错误。全局返回码所提示的出错信息、报警排查指引的说明可参考官方文档。

视频讲解

1.3.3 微信公众平台接口调试工具的使用

使用微信公众平台接口调试工具时，从“接口类型”下拉列表中选择所要调试的接口类型(如“基础支持”)，从“接口列表”下拉列表中选择要调试的接口(如“获取 access_token 接口/token”)，选择或输入如 grant_type 等参数后，如图 1-5 所示，单击“检查问题”按钮。调试的结果如图 1-6 所示。图 1-6 中返回结果(200 OK)和提示(Request successful)都能说明调试成功。

微信公众平台接口调试工具

此工具旨在帮助开发者检测调用【微信公众平台开发者API】时发送的请求参数是否正确，提交相关信息后可获得服务器的验证结果

使用说明：

(1) 选择合适的接口。

(2) 系统会生成该接口的参数表，您可以直接在文本框内填入对应的参数值。（红色星号表示该字段必填）

(3) 点击检查问题按钮，即可得到相应的调试信息。

一、接口类型：基础支持

二、接口列表：获取access_token接口 /token　方法：GET

三、参数列表：

* grant_type：client_credential
获取access_token填写client_credential

* appid：wxd2f278459c83a8e2
填写appid
校验通过

* secret：b62a858ebe3ab2238a4eaaf4233(
填写appsecret
校验通过

检查问题

图 1-5 选择或输入要调试的接口信息的界面

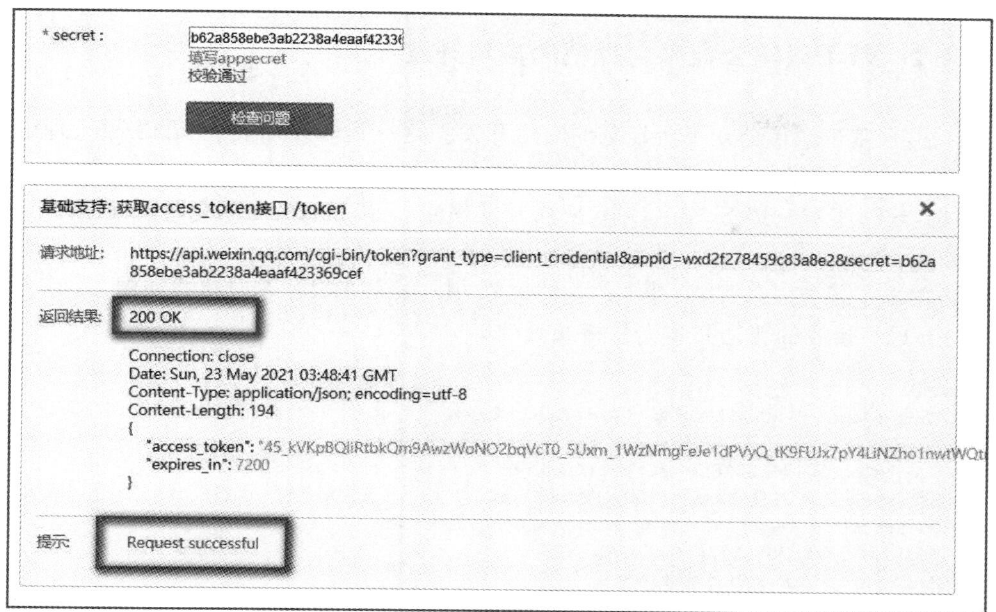

图 1-6　调试接口的结果界面

1.3.4　收集数据和实现功能的规范

收集用户任何数据须事先获得用户的明确同意，且仅收集为运营及功能实现目的而必要的用户数据，同时应告知用户相关数据收集的目的、范围及使用方式等，保障用户知情权。收集用户的数据后，须采取必要的保护措施，防止用户数据被盗、泄露等。在某个公众号中收集的用户数据仅可以在该公众号中使用，不得将其使用在该公众号之外或其他任何目的，也不得以任何方式将其提供给他人。

不要为任何用户自动登录到公众平台提供代理身份验证凭据。不要提供跟踪功能，包括但不限于识别其他用户在个人主页上查看、单击等操作行为。不要自动将浏览器窗口定向到其他网页。不要设置或发布任何违反相关法规、公序良俗、社会公德等内容。

1.4　微信公众平台应用开发的分类

1.4.1　调用微信公众平台 API 的应用开发

按照微信公众平台应用开发的特点，可以将微信公众平台的应用开发分为 6 大类。第一类是调用微信公众平台提供的接口(API)进行开发，这一类应用开发较为简单，只要在需求分析的基础上选定接口，并按照接口的公开方法调用接口实现功能即可。例如，可以按照 GET 方法(并提供参数 ACCESS_TOKEN 值)调用 API 接口 https://api.weixin.qq.com/cgi-bin/get_api_domain_ip?access_token=ACCESS_TOKEN 来获得微信服务器 IP 地址(具体代码可参考后面的章节内容)。

1.4.2 基于微信公众平台规范的应用开发

第二类是基于微信公众平台规范的应用开发。这一类开发需要在需求分析、理解相关规范要求的基础上（这一步是此类开发中的难点工作），遵守这些规范进行开发（以 Spring Boot 为例，这一步和一般 Spring Boot 应用开发相同）。以接收普通消息为例，当用户向公众号发消息时，微信服务器将用户消息的 XML 数据 POST（发送）到公众号 URL 上。微信公众平台官方给出了各类消息 XML 数据结构的规范，其中接收的文本消息格式如例 1-1 所示。

【例 1-1】 接收的普通文本消息格式示例。

```
<xml>
  <ToUserName><![CDATA[toUser]]></ToUserName>
  <FromUserName><![CDATA[fromUser]]></FromUserName>
  <CreateTime>1348831860</CreateTime>
  <MsgType><![CDATA[text]]></MsgType>
  <Content><![CDATA[this is a test]]></Content>
  <MsgId>1234567890123456</MsgId>
  <MsgDataId>xxxx</MsgDataId>
  <Idx>xxxx</Idx>
</xml>
```

微信公众平台官方还给出了参数的要求，但是并没有给出应该如何实现功能的具体要求，开发人员可以相对自由地实现程序功能，只要符合相关规范即可。

1.4.3 基于网页的微信公众平台综合开发

基于网页的微信公众平台综合开发（简称微信网页开发）主要是基于微信 JS-SDK 的开发，先进行需求分析，然后通过使用微信 JS-SDK，高效地使用拍照、选图、语音、位置等手机系统的功能和微信分享、扫一扫、卡券、支付等微信特有的功能，为用户提供更优质的网页体验。这一类开发往往涉及前端（如 JavaScript 和 HTML）和后端（如 Java）的综合开发。

1.4.4 基于智能对话等开放平台的综合开发

基于智能对话等开放平台的综合开发是指在微信公众平台的应用开发中应用智能对话等开发平台的功能。微信对话开放平台是以提供串联微信生态内外的服务流程为核心，提供全网多样的流程化服务功能，为开发者和非开发者提供完备、高效、简易的可配置服务。

例如，平台对话系统由微信对话提供技术支持，应用语义理解模型实现。它的创建流程简单、易用，开发者无须深入学习自然语言处理技术，只需提供对话语料，即可零基础搭建智能客服平台与行业普通（问答型）或高级（任务型）智能对话技能。智能接口的应用开发属于此类开发。

1.4.5 与第三方 API 的整合开发

与第三方 API 的整合开发按照接入方向可以分为两种：一种是公众号对其他第三方平

台的应用开发；另一种是第三方平台服务商通过调用公众号功能实现相关的开发。本书主要介绍第一种。

1.4.6　各种应用的综合开发

各种应用的综合开发是对以上各种方式、多种微信技术的综合开发，例如微信小程序和微信公众号的综合开发。此类开发需要在进行需求分析后，确定采用哪些技术，并在确定方案之后进行综合开发。

1.5　微信公众平台 Spring Boot 应用开发的原理

1.5.1　access_token 说明

公众号调用微信公众平台各接口时都要使用 access_token（或表示成 AccessToken）。access_token 的存储至少要保留 512 个字符空间。公众号可以使用 AppID（或 appid）和 AppSecret（或称为 appsecret、secret）调用接口来获取 access_token。

微信公众平台官方建议使用专门的 access_token 中控服务器统一获取和刷新 access_token，其他业务逻辑服务器所使用的 access_token 均来自该中控服务器，以避免 access_token 冲突、不一致。

目前，access_token 的有效期通过返回的 expire_in 来传达，其值小于 7200s（即 2h）。access_token 的有效时间可能会在未来有调整，所以 access_token 中控服务器不仅需要内部定时主动刷新 access_token，还需要提供被动刷新 access_token 的接口，这样便于业务服务器在 API 调用获知 access_token 已超时的情况下，可以触发 access_token 的刷新流程。

1.5.2　开发框架

在实际中搭建一个安全稳定高效的公众号，微信公众平台官方建议的开发框架如图 1-7 所示。

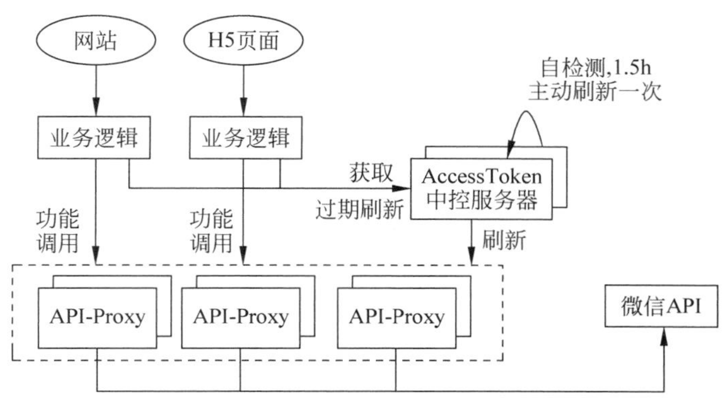

图 1-7　微信公众平台官方建议的开发框架

如图 1-7 所示,开发框架主要有三部分:负责业务逻辑部分的服务器、负责对接微信 API 的 API-Proxy(代理)服务器,以及唯一的 AccessToken 中控服务器。

AccessToken 中控服务器负责提供主动刷新和被动刷新机制来刷新、存储(为了防止并发刷新,注意加并发锁)access_token,提供给业务逻辑有效的 access_token,提高业务功能的稳定性。

API-Proxy 服务器负责与微信 API 对接,不同的服务器可以负责对接不同的业务逻辑,更可以进行调用频率、权限限制。一台 API-Proxy 服务器异常,还有其余服务器支持继续提供服务,提高稳定性,避免直接暴露内部接口,有效防止恶意攻击,提高安全性。

1.5.3 微信公众平台应用开发的一般步骤

开发时,先要分析需求。启动开发前对项目的整体产品体验要有一个清晰的规划和定义,可以使用流程图(可参考 3.4.1 节)、交互图等工具描绘公众号、用户之间的交互关系、接口的调用关系、功能之间的衔接关系等,再给出设计方案。本书主要介绍如何用 Spring Boot 进行编码实现微信公众平台的应用开发(简称为微信公众平台 Spring Boot 应用开发),对需求分析、设计等内容介绍较少。

编码实现时,关键任务包括消息等类的封装、API 的调用、其他功能的访问等。一般步骤包括:

(1) 使用开发工具实现功能(Spring Boot 的开发步骤可参考 1.5.4 节);

(2) 启动服务器(或 Ngrok 等工具);

(3) 使用微信公众平台接口在线调试工具(可参考 1.3.3 节)调试接口或使用手机、Postman 工具(可参考 3.1.7 节)运行程序。

重复步骤(1)~步骤(3),完成程序开发。

使用手机调试程序前,先以开发者的身份扫描二维码登录测试号后台管理界面,如图 1-8 所示。用户(或开发者)对图 1-8 中二维码进行扫码后,单击手机微信终端"关注"按钮关注公众号,如图 1-9 所示。再次刷新测试号后台管理界面,可以发现测试号多了一个用户的信息,如图 1-10 所示。为了更好地截图,本书使用了将手机运行程序结果投屏到计算机的方法。

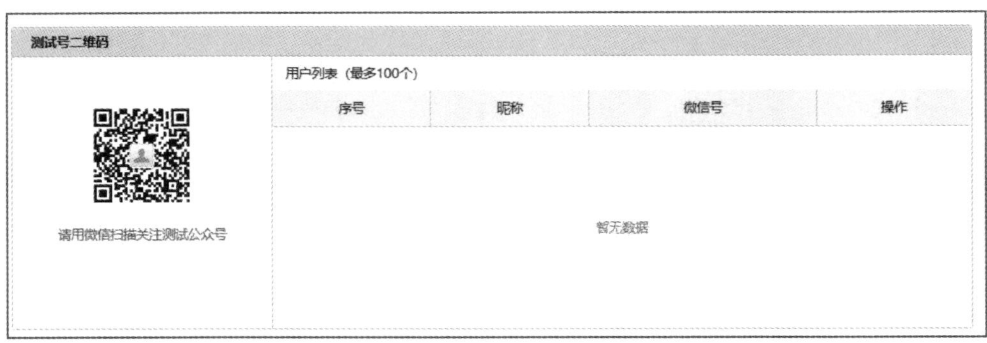

图 1-8 测试号后台管理界面

图 1-9 在手机微信中关注测试号

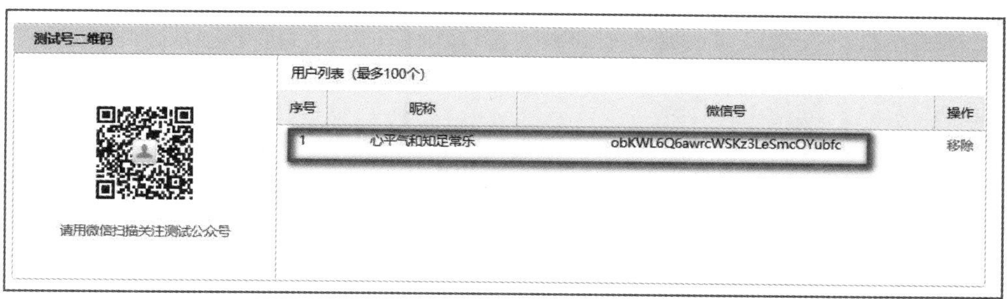

图 1-10 测试号后台管理界面中显示新增用户的信息

1.5.4 Spring Boot 的开发步骤

Spring Boot 的开发步骤如下。

第 1 步：打开开发工具 IntelliJ IDEA(简称 IDEA)。

第 2 步：创建项目。

第 3 步：根据情况判断是否需要添加项目所需的依赖，如果不需要则跳过此步骤。

第 4 步：创建类、接口(按照实体类、数据访问接口和类、控制器类等顺序)。

第 5 步：根据情况判断是否需要创建、修改配置文件，如果不需要则跳过此步骤。

第 6 步：根据情况判断是否需要图片、语音、视频等文件或创建 HTML、CSS 等文件，如果不需要则跳过此步骤。

第 7 步：根据情况判断是否需要下载辅助文件、包和安装工具(如数据库 MySQL)，如果不需要则跳过此步骤。

需要注意的是，第 3～7 步的五个步骤之间的顺序可以互换。完成了 Spring Boot 开发之后，就可以运行程序了。对每个要实现的功能，使用这些步骤进行开发、调试，重复这些步骤实现功能的组合。

习题 1

简答题

1. 简述对微信的理解。
2. 简述对微信公众平台的理解。
3. 简述对微信公众平台应用开发规范的理解。
4. 简述对微信公众平台应用开发分类的理解。
5. 简述对微信公众平台应用开发时 access_token 的理解。
6. 简述对微信公众平台应用开发框架的理解。
7. 简述对微信公众平台应用开发一般步骤的理解。
8. 简述对 Spring Boot 开发步骤的理解。

实验题

1. 完成微信公众服务器配置和接口配置。
2. 使用微信公众平台接口调试工具调试接口，如“获取 access_token 接口/token”。

第2章

Spring Boot 应用开发入门

本章先简要介绍 Spring Boot,再介绍如何用 IDEA 实现 Hello World 项目以说明 Spring Boot 应用开发的一般步骤等内容。

2.1 Spring Boot 简介

2.1.1 Spring 的构成

Spring 提供了非常多的子项目,可以帮助开发者更好地进行相关开发。下面介绍本书用到的相关子项目。

Spring Framework Core 是 Spring 的核心项目,其中包含了一系列 IoC 容器的设计,提供了依赖注入的实现;还集成了面向切面编程(AOP)、MVC、JDBC、事务处理模块的实现。

Spring Boot 提供了快速构建 Spring 应用的方法,达到了"开箱即用";使用默认的 Java 配置来实现快速开发,并"即时运行"。

Spring Cloud 提供了用于快速构建分布式系统(微服务)的工具集,利用它进行开发时往往基于 Spring Boot。

Spring Data 提供了对主流的关系数据库的支持,并提供使用非关系型数据的能力等。

Spring Security 通过用户认证、授权、安全服务等工具保护应用。Spring Security OAuth 中 OAuth 是一个第三方的模块,提供一个开放的协议实现,通过这个协议前端应用可以对 Web 应用进行简单而标准的安全调用。

2.1.2 Spring Boot 的特点

Spring Boot 是伴随 Spring 4 诞生的。Spring Boot 使开发者可以更容易地创建基于

Spring 的应用和服务。Spring Boot 的特点包括:

(1) 约定大于配置。通过代码结构、注解的约定和命名规范等方式来减少配置,减少冗余代码和强制的 XML 配置。使用注解使编码变得更加简单。

(2) 能创建基于 Spring 框架的独立应用程序。Spring Boot 不是对 Spring 进行功能上的增强,而是提供了一种更快速的 Spring 使用方法。

(3) 内嵌有 Tomcat(或 Netty),打包方式不再强制要求打成 War 包来部署,可以直接采用 Jar 包。

(4) 简化 Maven 配置,并推荐使用 Gradle 替代 Maven 进行项目管理。Maven 用于项目的构建,主要可以对依赖包进行管理。Maven 将项目所使用的依赖包信息放到 pom. xml 文件的< dependencies ></dependencies >节点之间。

(5) 定制"开箱即用"的 Starter,没有代码生成,也无须 XML 配置,还可以修改默认值来满足特定的需求。

(6) 提供生产就绪型功能。即提供了一些大型项目中常见的非功能特性,如嵌入式服务器、安全、指标、健康检测、外部配置等内容。

(7) 与基于 Spring Cloud 的微服务开发无缝结合。

2.2 实现 Hello World 的 Web 应用

2.2.1 配置开发环境

在进行 Spring Boot 开发之前,先要配置好开发环境。配置开发环境,需要先安装 JDK,然后安装开发工具 IDEA。配置开发环境可参考本书附带的电子资源。

视频讲解

2.2.2 利用 IDEA 创建项目

打开 IDEA 后,在图 2-1 的欢迎界面中单击 New Project 按钮,进入项目创建界面。选择 Spring Initializr 类型的项目。

如图 2-2 所示,在所创建项目 Group 文本框中输入 edu. bookcode,在 Artifact 文本框中输入 springboot-helloworld。项目名称 Name 保留自动生成的 springboot-helloworld;项目位置 Location 可以选择或创建项目所在的目录;所创建项目的管理工具类型 Type 选择 Maven。由于 Maven 的参考资料比 Gradle 的参考资料更多且更容易获得,本书使用 Maven 进行项目管理。开发语言 Language 选择 Java;所创建项目默认的包名 Package name 可以修改为 edu. bookcode;项目 Project SDK 选择(Java)11;Java 的具体版本选择 11;打包方式 Packaging 选择 Jar。

填写完项目的信息后,单击 Next 按钮就可以进入选择依赖(Dependencies)的界面。如图 2-3 所示,IDEA 自动选择了项目创建时 Spring Boot 的最新版本(如 2. 5. 2 版),也可以手动选择所需要的版本;再手动为所创建的项目选择 Web 依赖。选择完 Web 依赖,IDEA 就可以帮助开发者完成 Web 项目的初始化工作。创建项目时,也可以不选择任何依赖,而在文件 pom. xml 中添加所需要的依赖。

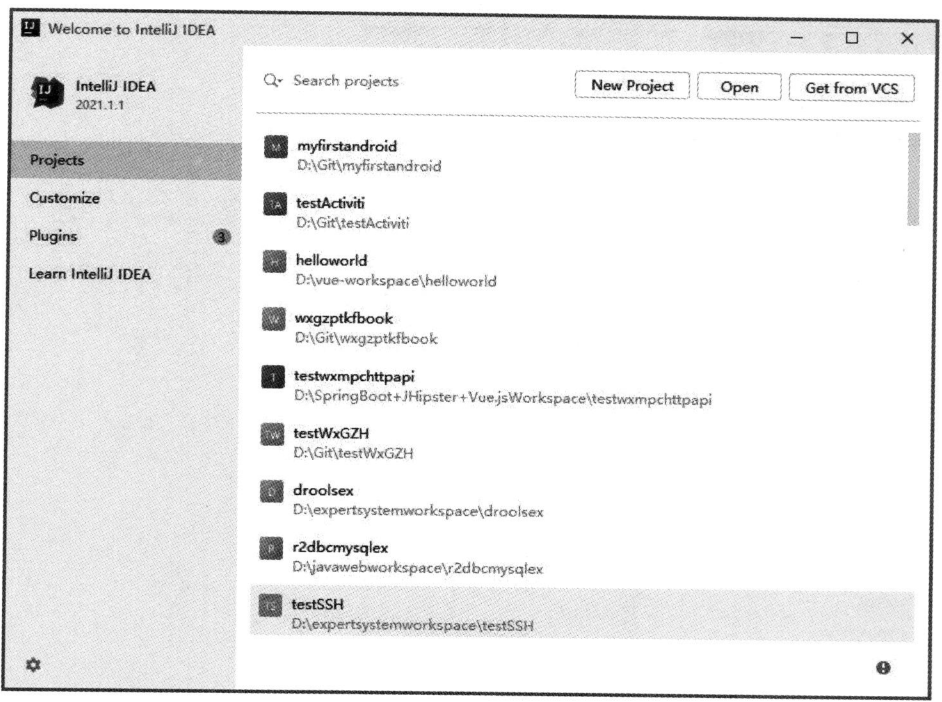

图 2-1 IDEA 启动后的欢迎界面

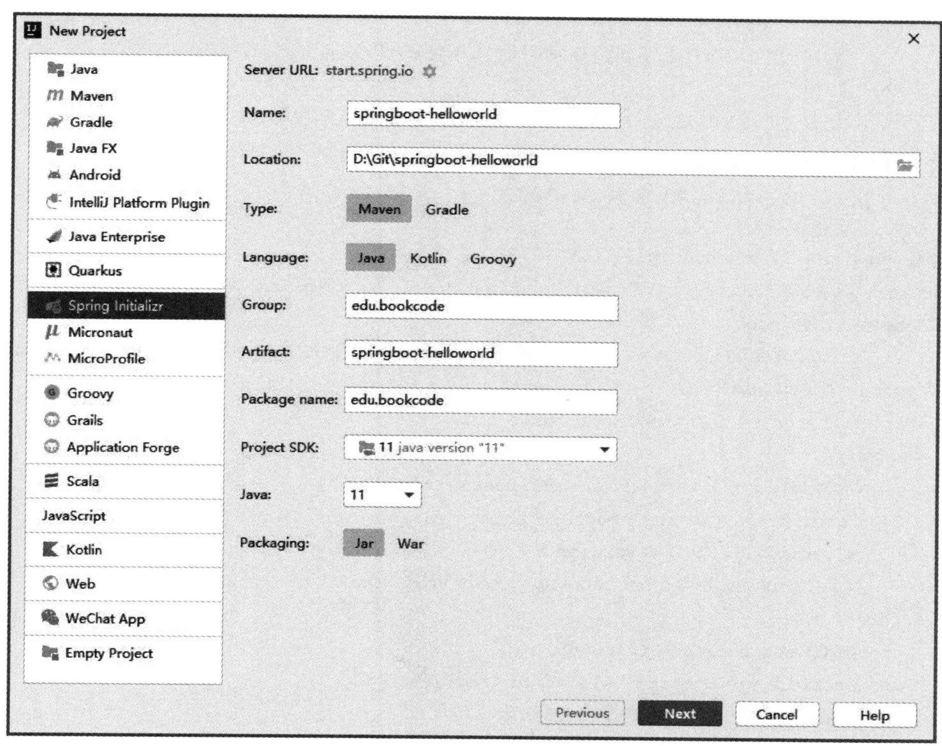

图 2-2 IDEA 创建新项目时设置项目信息的结果

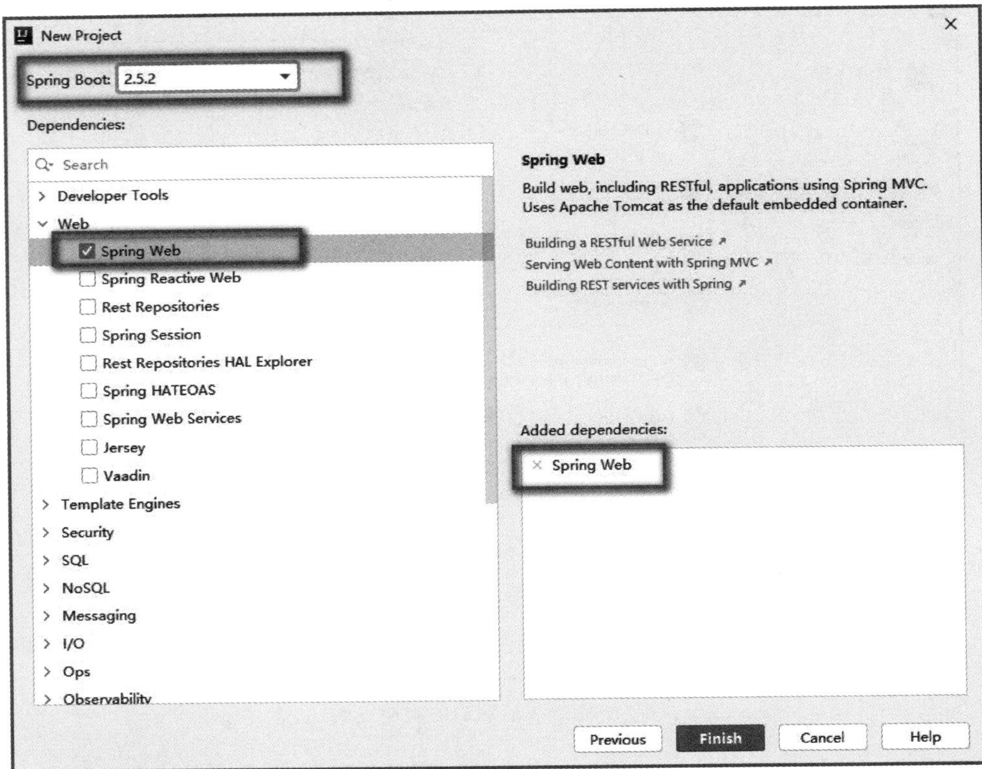

图 2-3　IDEA 创建新项目时选择依赖(Dependencies)的界面

单击 Finish 按钮，就可以进入项目界面。由于所创建的项目管理类型为 Maven 型项目，因此项目中文件 pom.xml 是一个关键文件，其代码如例 2-1 所示。

【例 2-1】 文件 pom.xml 的代码示例。

```
<?xml version="1.0" encoding="UTF-8"?>
<project xmlns="http://maven.apache.org/POM/4.0.0" xmlns:xsi="http://www.w3.org/2001/XMLSchema-instance"
        xsi:schemaLocation="http://maven.apache.org/POM/4.0.0 https://maven.apache.org/xsd/maven-4.0.0.xsd">
    <modelVersion>4.0.0</modelVersion>
    <parent>
        <groupId>org.springframework.boot</groupId>
        <artifactId>spring-boot-starter-parent</artifactId>
        <version>2.5.2</version>
        <relativePath/> <!-- lookup parent from repository -->
    </parent>
    <groupId>edu.bookcode</groupId>
    <artifactId>springboot-helloworld</artifactId>
    <version>0.0.1-SNAPSHOT</version>
    <name>springboot-helloworld</name>
    <description>Demo project for Spring Boot</description>
    <properties>
```

```
        <java.version>11</java.version>
    </properties>
    <!-- 上面加粗内容和图 2-2 中设置的项目信息对应 -->
        <!-- 下面加粗内容和图 2-3 中选择的 Web 依赖对应 -->
    <dependencies>
        <dependency>
            <groupId>org.springframework.boot</groupId>
            <artifactId>spring-boot-starter-web</artifactId>
        </dependency>
        <dependency>
            <groupId>org.springframework.boot</groupId>
            <artifactId>spring-boot-starter-test</artifactId>
            <scope>test</scope>
        </dependency>
    </dependencies>
    <build>
        <plugins>
            <plugin>
                <groupId>org.springframework.boot</groupId>
                <artifactId>spring-boot-maven-plugin</artifactId>
            </plugin>
        </plugins>
    </build>
</project>
```

例 2-1 代码中加粗部分代码与在图 2-2 和图 2-3 中输入、选择的项目信息对应；而其他代码是 IDEA 自动生成的辅助内容。其中，<parent></parent>之间的内容表示父依赖，是一般项目都要用到的基础内容，还包含了项目中用到的 Spring Boot 的版本信息。<properties></properties>之间的的内容表示了项目中所用到的 Java 版本信息。<dependencies></dependencies>之间的内容是 Maven 的重点内容，包含了项目中所用到的依赖信息，例如<artifactId>spring-boot-starter-web</artifactId>表示要用到 Web 依赖。<build></build>之间的内容表示编译运行时要用到的相关插件。

2.2.3 利用 IDEA 实现 Hello World 的 Web 应用

IDEA 创建完项目之后，项目中目录和文件的构成情况如图 2-4 所示。

Spring Boot 项目中的目录、文件可以分为三部分。其中，src\main\java 目录下包括主程序入口类 SpringbootHelloworldApplication，可以运行该类来启动程序；开发时需要在此目录下添加所需的接口、类等文件。src\main\resources 是配置目录，该目录用来存放应用的一些配置信息，如配置服务器端口、数据源的配置文件 application.properties。由于开发的是 Web 应用，因此在 src\main\resources 目录下产生了 static 子目录与 templates 子目录，static 子目录主要用于存放静态资源，如图片、CSS、JavaScript 等文件；templates 子目录主要用于存放 Web 页面动态视图文件。src\test\java 是单元测试目录，自动生成的测试文件 SpringbootHelloworldApplicationTests 位于该目录下，用该测试文件可以测试 Spring

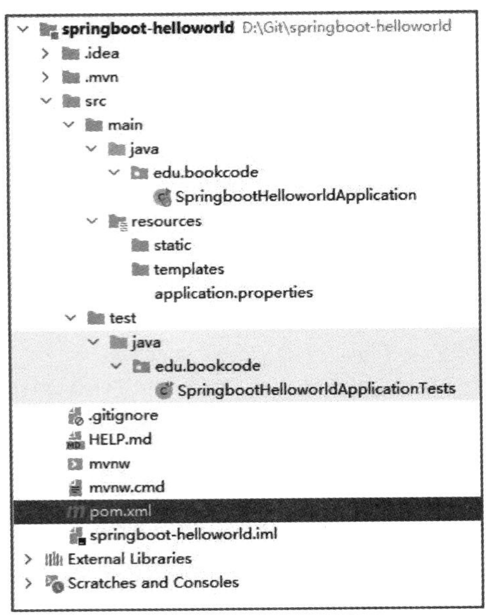

图 2-4 IDEA 创建完项目后项目中目录和文件的构成情况

Boot 应用。

在自动生成的目录和文件的基础上，在 edu. bookcode 包下新建 controller 子包。然后，在包 edu. bookcode. controller 中创建类 HelloWorldController，修改类 HelloWorldController 的代码（一般来说创建类之后需要修改类的代码，为了叙述简便，将创建类并修改类代码的过程简称为创建类），代码如例 2-2 所示。

【例 2-2】 类 HelloWorldController 的代码示例。

```
package edu.bookcode.controller;
import org.springframework.web.bind.annotation.RequestMapping;
import org.springframework.web.bind.annotation.RestController;
@RestController                              //返回的默认结果为字符串
public class HelloWorldController {
    @RequestMapping("/hello")                //映射信息，相对路径，往往是 URL 的组成部分
    public String hello(){
        return "Hello World!";
    }
}
```

接着运行入口类 SpringbootHelloworldApplication，成功启动自带的内置 Tomcat。在浏览器中输入 localhost：8080/hello 后，浏览器中的显示结果如图 2-5 所示。

图 2-5 IDEA 实现 Hello World 的 Web 应用运行结果

2.2.4 配置项目属性

在实现 HelloWorld 应用的基础上，可以基于项目属性配置实现对 HelloWorld 应用的扩展。在 Spring Boot 中主要通过 application. properties 文件、application. yml 文件实现对属性的配置。这两种文件的格式不同，但内容对应、作用相同。

可以修改配置文件 application. properties，配置项目内置属性，代码如例 2-3 所示。

【例 2-3】 修改后的配置文件 application. properties 代码示例。

```
#配置项目内置属性,修改端口
server.port = 8888
server.servlet.context - path = /website
```

运行程序后，在浏览器中输入 localhost：8888/website/hello，结果如图 2-6 所示。结合例 2-3 中的代码，对比图 2-5、图 2-6 中的 URL，可以发现例 2-3 通过配置文件修改了服务器默认的端口和路径。

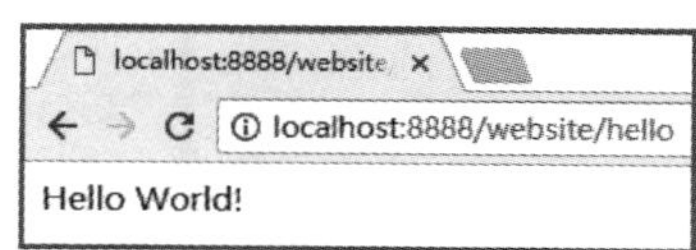

图 2-6 修改 Web 应用 Hello World 的服务器默认端口和路径配置后的结果

习题 2

简答题

1. 简述对 Spring 构成的理解。
2. 简述对 Spring Boot 特点的理解。

实验题

1. 完成开发环境的配置。
2. 用 IDEA 实现 Hello World 的 Web 应用。

第3章

微信公众平台应用开发入门

本章主要介绍微信公众平台应用开发时如何实现对 access_token 的获取、如何实现网络检测、如何实现对 IP 地址的获取和如何验证消息是否来自微信服务器。

视频讲解

3.1 获取 access_token

3.1.1 说明

获取 access_token 的接口 URL 为 https://api.weixin.qq.com/cgi-bin/token? grant_type=client_credential&appid=APPID&secret=APPSECRET。其中，必需的参数 grant_type 取值为 client_credential。代表用户的唯一凭证参数 appid 也是必需的参数，要用具体值替换占位的 APPID。代表用户密钥的 secret(即 appsecret)也是必需的参数，也要用具体值替换占位的 APPSECRET。在接口 URL 中，"?"后面的字符串中，以"&"为分隔符，分成若干个等式。每个等式中前面小写字符串(如 appid)代表参数，而每个等式中后面的小写字符串代表参数值(如 client_credential)，等式中后面的全部大写字符串(如 APPID)起占位作用，调用接口时要用实际的参数值来代替它。后面章节的接口也遵守此约定。

3.1.2 创建项目并修改文件 pom.xml

按照 2.2 节的方法创建项目 wxgzptkfbook，修改文件 pom.xml，文件 pom.xml 修改后的代码如例 3-1 所示。修改文件 pom.xml 主要是增加项目依赖的代码。

【例 3-1】 修改后的文件 pom.xml 代码示例。

```
<?xml version = "1.0" encoding = "UTF - 8"?>
```

```
<project xmlns = "http://maven.apache.org/POM/4.0.0" xmlns:xsi = "http://www.w3.org/2001/
XMLSchema - instance"
        xsi:schemaLocation = "http://maven.apache.org/POM/4.0.0 https://maven.apache.org/
xsd/maven - 4.0.0.xsd">
    <modelVersion>4.0.0</modelVersion>
    <parent>
        <groupId>org.springframework.boot</groupId>
        <artifactId>spring - boot - starter - parent</artifactId>
        <version>2.5.2</version>
        <relativePath/> <!-- lookup parent from repository -->
    </parent>
    <groupId>edu.bookcode</groupId>
    <artifactId>wxgzptkfbook</artifactId>
    <version>0.0.1 - SNAPSHOT</version>
    <name>wxgzptkfbook</name>
    <description>Demo project for Spring Boot</description>
    <properties>
        <java.version>11</java.version>
    </properties>
    <dependencies>
        <dependency>
            <groupId>org.springframework.boot</groupId>
            <artifactId>spring - boot - starter - web</artifactId>
        </dependency>
        <dependency>
            <groupId>org.springframework.boot</groupId>
            <artifactId>spring - boot - devtools</artifactId>
            <scope>runtime</scope>
            <optional>true</optional>
        </dependency>
        <dependency>
            <groupId>org.projectlombok</groupId>
            <artifactId>lombok</artifactId>
            <optional>true</optional>
        </dependency>
        <dependency>
            <groupId>org.springframework.boot</groupId>
            <artifactId>spring - boot - starter - test</artifactId>
            <scope>test</scope>
        </dependency>
        <!-- XML 处理类中的添加 -->
        <dependency>
            <groupId>net.sf.json - lib</groupId>
            <artifactId>json - lib</artifactId>
            <version>0.9</version>
            <!-- 高版本需要 JDK13 或者 JDK15 -->
        </dependency>
        <dependency>
            <groupId>com.thoughtworks.xstream</groupId>
            <artifactId>xstream</artifactId>
            <version>1.4.14</version>
```

```
</dependency>
<dependency>
    <groupId>org.dom4j</groupId>
    <artifactId>dom4j</artifactId>
    <version>2.1.1</version>
</dependency>
<dependency>
    <groupId>mysql</groupId>
    <artifactId>mysql-connector-java</artifactId>
</dependency>
<dependency>
    <groupId>org.springframework.boot</groupId>
    <artifactId>spring-boot-starter-data-jpa</artifactId>
</dependency>
<dependency>
    <groupId>com.alibaba</groupId>
    <artifactId>druid-spring-boot-starter</artifactId>
    <version>1.1.14</version>
</dependency>
<dependency>
    <groupId>cn.hutool</groupId>
    <artifactId>hutool-all</artifactId>
    <version>4.5.11</version>
</dependency>
<!-- SpringBoot 集成 thymeleaf 模板 -->
<dependency>
    <groupId>org.springframework.boot</groupId>
    <artifactId>spring-boot-starter-thymeleaf</artifactId>
</dependency>
<dependency>
    <groupId>com.alibaba</groupId>
    <artifactId>fastjson</artifactId>
    <version>1.2.58</version>
</dependency>
<dependency>
    <groupId>com.squareup.okhttp3</groupId>
    <artifactId>okhttp</artifactId>
    <version>3.13.1</version>
</dependency>
<dependency>
    <groupId>redis.clients</groupId>
    <artifactId>jedis</artifactId>
    <version>2.9.0</version>
</dependency>
<dependency>
    <groupId>org.mybatis</groupId>
    <artifactId>mybatis-spring</artifactId>
    <version>1.3.2</version>
</dependency>
<dependency>
    <groupId>com.google.code.gson</groupId>
```

```
            <artifactId>gson</artifactId>
            <version>2.8.5</version>
        </dependency>
        </dependencies>
    <build>
        <plugins>
            <plugin>
                <groupId>org.springframework.boot</groupId>
                <artifactId>spring-boot-maven-plugin</artifactId>
                <configuration>
                    <excludes>
                        <exclude>
                            <groupId>org.projectlombok</groupId>
                            <artifactId>lombok</artifactId>
                        </exclude>
                    </excludes>
                    <fork>true</fork>
                </configuration>
            </plugin>
        </plugins>
    </build>
</project>
```

3.1.3 创建类 TemptTOKEN

在包 edu.bookcode 中创建 service 子包，并在包 edu.bookcode.service 中创建类 TemptTOKEN，代码如例 3-2 所示。

【例 3-2】 类 TemptTOKEN 的代码示例。

```
package edu.bookcode.service;
import lombok.Data;
import lombok.NoArgsConstructor;
@NoArgsConstructor //代表无参构造方法
@Data
//@Data 等于@Setter、@Getter、@ToString、@EqualsAndHashCode 等方法
public class TemptTOKEN {
    private String accessToken;
    private final String expiresIn = "7200";
    private Long createdTime = 0L;
    public TemptTOKEN(String accessToken) {
        this.accessToken = accessToken;
        this.createdTime = System.currentTimeMillis();
    }
    public boolean isExpired(){
        Long currentTime = System.currentTimeMillis();
        Long realTime = this.getCreatedTime();
        if ((currentTime - realTime) < 7200 * 1000) {
            return false;
        } else {
```

```
                return true;
            }
        }
}
```

3.1.4 创建类 URLtoTokenUtil

在包 edu. bookcode. service 中创建类 URLtoTokenUtil，代码如例 3-3 所示。

【例 3-3】 类 URLtoTokenUtil 的代码示例。

```
package edu.bookcode.service;
import java.io.InputStream;
import java.net.URL;
import java.net.URLConnection;
public class URLtoTokenUtil {
public static String getTemptURLToken(String strURL) {
    try {
        URL urlObj = new URL(strURL);
        URLConnection urlConnection = urlObj.openConnection();
        InputStream inputStream = urlConnection.getInputStream();
        byte[] bytes = new byte[1024];
        int len;
        StringBuilder stringBuilder = new StringBuilder();
        while ((len = inputStream.read(bytes) )!= -1){
            stringBuilder.append(new String(bytes, 0, len));
        }
        String s = stringBuilder.toString().replace("}",",");
        s = s + "\"createdTime\":" + System.currentTimeMillis() + "}";
        return s;
    } catch (Exception e) {
        e.printStackTrace();
    }
    return null;
}
}
```

3.1.5 创建类 TemptTokenUtil

在包 edu. bookcode. service 中创建类 TemptTokenUtil，代码如例 3-4 所示。

【例 3-4】 类 TemptTokenUtil 的代码示例。

```
package edu.bookcode.service;
import net.sf.json.JSONObject;
public class TemptTokenUtil {
    public String getTokenInfo(){
     String strAccess = "https://api.weixin.qq.com/cgi-bin/token?grant_type=client_
credential&appid=AppID&secret=AppSECRET";
        String strAppID = "wxd2f278459c83a8e2";           //需要修改成读者自己的 AppID
```

```
        //需要修改成读者自己的 appsecret
        String strAppSECRET = "b62a858ebe3ab2238a4eaaf423369cef";
        String strURL = strAccess.replace("AppID",strAppID).replace("AppSECRET",strAppSECRET);
        String cont = URLtoTokenUtil.getTemptURLToken(strURL);
        JSONObject jsonObject = JSONObject.fromObject(cont);
        String strAccessToken = jsonObject.getString("access_token");
        long time = jsonObject.getLong("createdTime");
        //目前有 2h 的限制,2h 之内可以继续使用,超过 2h 需要重新生成
        if(System.currentTimeMillis() - time >= 7200 * 1000) {
            cont = URLtoTokenUtil.getTemptURLToken(strURL);
        }
        return strAccessToken;
    }
}
```

3.1.6 创建类 TemptTOKENController

在包 edu.bookcode 中创建 controller 子包,并在包 edu.bookcode.controller 中创建类 TemptTOKENController,代码如例 3-5 所示。

【例 3-5】 类 TemptTOKENController 的代码示例。

```
package edu.bookcode.controller;
import edu.bookcode.service.TemptTokenUtil;
import org.springframework.web.bind.annotation.RequestMapping;
import org.springframework.web.bind.annotation.RestController;
@RestController
public class TemptTOKENController {
    //下面一行是运行本类时的相对地址
    @RequestMapping("/")
    //为了测试方便,在运行其他类时,必须注释掉上一行代码,即修改相对地址
    //并可以去掉下一行代码的注释,修改本类的相对地址
    //@RequestMapping("/testAccessToken")
    //具体的操作方法可参考配套视频中的演示说明
    void  getAccessTemptTOKEN()  {
            System.out.println("临时 token 对象信息:" + new TemptTokenUtil().getTokenInfo());
    }
}
```

3.1.7 运行程序

启动内网穿透工具 Ngrok(或服务器,为了简化开发本书采用 Ngrok)后,在 IDEA 中运行项目入口类 WxgzptkfbookApplication。

运行工具 Postman(可参考相关资源下载、安装 Postman),在 URL 地址栏中输入 http://localhost:8080/,在方法中选择 POST 方法,单击 Send 按钮,结果显示 200 OK 即表示程序运行正常,如图 3-1 所示。此时在控制台中相关的输出结果如图 3-2 所示。

在手机微信公众号中输入任意文本(输出结果与输入的文本内容无关),如"你好",如

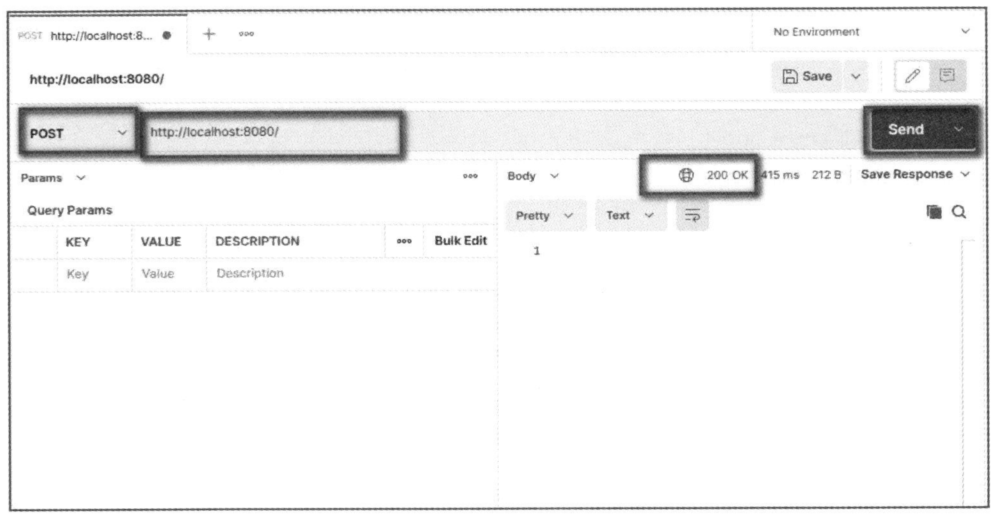

图 3-1　在 Postman 的 URL 中输入 http://localhost：8080/并选择 POST 方法后单击 Send 按钮的结果

```
临时token对象信息:51_npk_oWc7pA3qaj8TmZcdMUKSRuyTt34LyUGLEl5SQV
 -l1TX8NoFLZQOAmj_5ScMzWB6onrAfcIUPQwMkv1wrnF7J7kbADbM72P90sC39CXPO__umnJ4pESo4eLwNtynJxavHsTkEuLtUed
 ZjNQPiAIAEHG
```

图 3-2　对工具 Postman 进行操作后在控制台中输出的临时 access_token 结果

图 3-3 所示。此时在控制台中相关的输出结果如图 3-4 所示。对照图 3-2 和图 3-4 可以发现，两次操作产生的 access_token 具体信息有差异。读者自己运行时的结果和本书的结果（见图 3-2 或图 3-4）也有差异，而且每隔 2h 的操作结果也会有差异，只要确保能正常输出 access_token 信息即可。后面章节程序中读者的运行结果和本书的结果也可能会有差异，只要能正确输出即可。

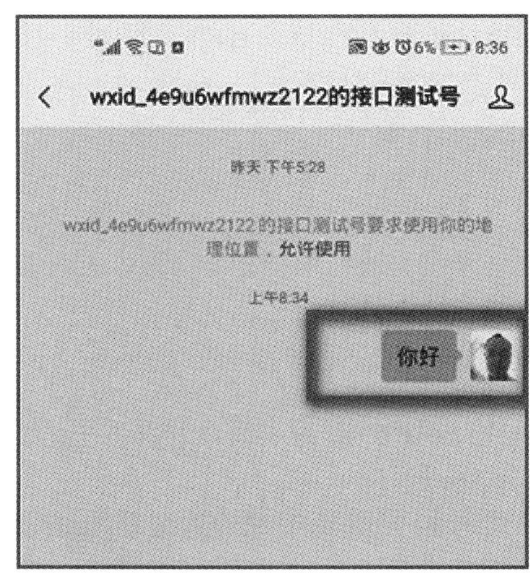

图 3-3　在手机微信公众号中输入文本“你好”

```
临时token对象信息:45_XmG8X3fgUrzj5gCyr0zV6joY7_7oFrFAu67-h8F1iC4vkl92flWpM7RCrjBgVYxCu3B_QJ3
-eYIE6ueEINCg4-zoJJqQhSlDQARu2iEiEjoIck0O7he1MZZwuUhZeAybftahJlXnCOci8b2tHFGcACAMKL
```

图 3-4　在手机微信公众号中输入文本“你好”后在控制台中输出的临时 access_token 结果

3.1.8　运行程序或调试接口的方法说明

在此基础上，对比 1.3.3 节中使用微信公众平台接口调试工具对此接口的调试内容，可以发现手机微信公众号、工具 Postman、微信公众平台接口调试工具三种运行(或调试)方法的差异。在这三种方法中，手机微信公众号运行程序效果最好，但是来回在手机、IDEA 开发环境中操作略显复杂，特别是在学习微信公众平台应用开发的初期(出错率相对偏多时)较为麻烦。利用微信公众平台接口调试工具进行调试相对复杂。因此，本书在可以不必在手机微信公众号中测试时，优先选用工具 Postman 运行程序，其次使用手机微信公众号运行程序。

3.2　网络检测

视频讲解

3.2.1　说明

网络检测 API 可以帮助排查回调连接失败问题，该接口的 URL 为 https://api.weixin.qq.com/cgi-bin/callback/check?access_token=ACCESS_TOKEN，公众号的参数 access_token 是必需的，开发时需要用生成的 access_token 值去替换占位参数 ACCESS_TOKEN。后面章节应用开发中参数 access_token 的含义、用法相同。接口 POST 请求的输入参数为 JSON 格式，如例 3-6 所示。

【例 3-6】　JSON 格式的输入参数示例。

```
{
    "action": "all",
    "check_operator": "DEFAULT"
}
```

接口 POST 请求的两个参数都是必需的。action 执行的检测动作，允许的值包括 dns(做域名解析)、ping(做 ping 检测)、all(dns 和 ping 都做)。check_operator 指定平台从某个运营商进行检测，允许的值为 CHINANET(电信出口)、UNICOM(联通出口)、CAP(腾讯自建出口)、DEFAULT(根据 IP 来选择运营商)。

3.2.2　创建类 CommonUtil

继续在 3.1 节的基础上进行开发，在包 edu.bookcode.service 中创建类 CommonUtil，代码如例 3-7 所示。

【例 3-7】 类 CommonUtil 的代码示例。

```
package edu.bookcode.service;
import net.sf.json.JSONObject;
import java.io.BufferedReader;
import java.io.InputStream;
import java.io.InputStreamReader;
import java.io.OutputStream;
import java.net.URL;
import java.net.URLConnection;
public class CommonUtil {
 public static JSONObject httpsRequest(String requestUrl, String requestMethod, String outputStr) {
      JSONObject jsonObject = null;
      URL url;
      try {
           url = new URL(requestUrl);
           URLConnection conn = url.openConnection();
           conn.setDoOutput(true);
           conn.setDoInput(true);
           conn.setUseCaches(false);
           if (null != outputStr) {
                OutputStream outputStream = conn.getOutputStream();
                outputStream.write(outputStr.getBytes("UTF-8"));
                outputStream.close();
           }
           InputStream inputStream = conn.getInputStream();
           InputStreamReader inputStreamReader = new InputStreamReader(inputStream, "utf-8");
           BufferedReader bufferedReader = new BufferedReader(inputStreamReader);
           String str ;
           StringBuffer buffer = new StringBuffer();
           while ((str = bufferedReader.readLine()) != null) {
                buffer.append(str);
           }
           bufferedReader.close();
           inputStreamReader.close();
           inputStream.close();
           jsonObject = JSONObject.fromObject(buffer.toString());
      } catch (Exception e) {
           e.printStackTrace();
      }
      return jsonObject;
 }
}
```

3.2.3 创建类 TestNetController

在包 edu.bookcode.controller 中创建类 TestNetController，代码如例 3-8 所示。

【例 3-8】 类 TestNetController 的代码示例。

```
package edu.bookcode.controller;
import edu.bookcode.service.CommonUtil;
import edu.bookcode.service.TemptTokenUtil;
import net.sf.json.JSONObject;
import org.springframework.web.bind.annotation.RequestMapping;
import org.springframework.web.bind.annotation.RestController;
@RestController
public class TestNetController {
    //下面一行是运行本类时的相对地址
    @RequestMapping("/")
    //为了测试方便,在运行其他类时,必须注释掉上一行代码,即修改相对地址
    //并可以去掉下一行代码的注释,修改本类的相对地址
    //@RequestMapping("/testNet")
    void  testNet() {
        String strAPI = "https://api.weixin.qq.com/cgi-bin/callback/check?access_token =
ACCESS_TOKEN";
        String requestUrl = strAPI.replace("ACCESS_TOKEN",new TemptTokenUtil().getTokenInfo());
        String data  = "{" +
                "    \"action\": \"all\", " +
                "    \"check_operator\": \"DEFAULT\"\n" +
                "}" ;
        JSONObject jsonObject  =  CommonUtil.httpsRequest(requestUrl, "POST",data);
        System.out.println(jsonObject);
    }
}
```

3.2.4 运行程序

启动内网穿透工具后，按照例 3-5 中注释给出的提示修改类 TemptTOKENController 的相对地址，由原来的@RequestMapping("/")改成@RequestMapping("/testAccessToken")，这样修改可以避免程序运行时相对地址的冲突，因为此时新增加的 TestNetController 的相对地址也是@RequestMapping("/")。后面章节中修改程序的相对地址的方法、原因也是如此。这种方法主要是为了开发时调试、运行程序的方便，并降低程序出错的可能性。开发完成后正式运行程序时，可以通过相对地址的不同来实现程序的整合、集成（可参考 15 章案例的整合方法）。

在 IDEA 中运行项目入口类 WxgzptkfbookApplication。

运行工具 Postman，在 URL 地址栏中输入 http://localhost:8080/，在方法中选择 POST 方法，单击 Send 按钮，结果显示 200 OK 表示程序运行成功。为了节省篇幅，后面章

节将这些操作和结果简单表述为“在工具 Postman 的 URL 中输入 http://localhost:8080/，选择 POST 方法成功运行程序”。此时在控制台中相关的输出结果如图 3-5 所示。

```
{"ping":[{"package_loss":"0%","ip":"134.175.220.239","from_operator":"CAP","time":"28.666ms"}],
 "dns":[{"real_operator":"CAP","ip":"134.175.220.239"}]}
```

图 3-5 网络检测时在控制台中输出的结果

视频讲解

3.3 获取 IP 地址

3.3.1 说明

公众号有时需要获知微信服务器 IP 地址列表以便进行相关限制。此时可以调用接口 https://api.weixin.qq.com/cgi-bin/get_api_domain_ip?access_token=ACCESS_TOKEN。

与之相对应，微信服务器调用公众号服务器所使用的出口 IP（即回调 IP）的接口 URL 为 https://api.weixin.qq.com/cgi-bin/getcallbackip?access_token=ACCESS_TOKEN。

3.3.2 创建类 WXServerInfoController

继续在 3.2 节的基础上进行开发。在包 edu.bookcode.controller 中创建类 WXServerInfoController，代码如例 3-9 所示。

【例 3-9】 类 WXServerInfoController 的代码示例。

```
package edu.bookcode.controller;
import edu.bookcode.service.TemptTokenUtil;
import net.sf.json.JSONObject;
import org.springframework.web.bind.annotation.RequestMapping;
import org.springframework.web.bind.annotation.RestController;
import edu.bookcode.service.URLtoTokenUtil;
@RestController
public class WXServerInfoController {
    //下面一行是运行本类时的相对地址
    @RequestMapping("/")
    //为了测试方便，在运行其他类时，必须注释掉上一行代码，即修改相对地址
    //并可以去掉下一行代码的注释，修改本类的相对地址
    //@RequestMapping("/testIP")
    void  getIpAddress() {
String getIPAPI = "https://api.weixin.qq.com/cgi-bin/get_api_domain_ip?access_token=ACCESS_TOKEN";
String getCallbackIP = "https://api.weixin.qq.com/cgi-bin/getcallbackip?access_token=ACCESS_TOKEN";
        String strToken = new TemptTokenUtil().getTokenInfo();
        String strIPURL = getIPAPI.replace("ACCESS_TOKEN",strToken );
        String strCallbackURL = getCallbackIP.replace("ACCESS_TOKEN",strToken );
```

```
            String ipResult = URLtoTokenUtil.getTemptURLToken(strIPURL);
            String callbackIP = URLtoTokenUtil.getTemptURLToken(strCallbackURL);
            JSONObject jsonObject  = JSONObject.fromObject(ipResult);
            JSONObject callbackJSON  = JSONObject.fromObject(callbackIP);
            System.out.println("IP:" + jsonObject);
            System.out.println("Callback IP:" + callbackJSON);
        }
    }
```

3.3.3　运行程序

启动内网穿透工具后，按照例3-8中注释给出的提示修改TestNetController的相对地址，并再次在IDEA中运行项目入口类WxgzptkfbookApplication。

在工具Postman的URL中输入http://localhost:8080/，选择POST方法成功运行程序后(详细的操作方法可参考3.2.4节，后面章节相同)，控制台中的输出结果如图3-6所示。

```
IP:{"ip_list":["101.226.212.27","112.60.0.226","112.60.0.235","116.128.163.147","117.184.242.111",
 "121.51.130.115","121.51.166.37","121.51.90.217","180.97.7.108","182.254.88.157","183.3.234.152",
 "183.57.48.62","203.205.239.82","203.205.239.94","36.152.5.109","58.246.220.31","58.251.80.204","58
 .251.82.216","108.108.10.128"]}
Callback IP:{"ip_list":["118.126.124.0/24","119.29.180.0/24","119.29.9.0/24","162.62.80.0/24","162.62
 .81.0/24","42.192.0.0/24","42.192.6.0/24","42.192.7.0/24","81.69.18.0/24","81.69.19.0/24","81.69.229
 .0/24","81.71.140.0/24","81.71.19.0/24","42.192.6.0/24","42.192.0.0/24","175.24.211.0/24","81.69.229
 .0/24","81.69.101.0/24","81.69.103.0/24","101.226.103.0/24"]}
```

图3-6　获取IP地址时控制台中的输出结果

3.4　验证消息来自微信服务器

视频讲解

3.4.1　说明

在公众号管理后台设置URL等信息后，微信服务器将发送请求到填写的公众号服务器URL上，请求携带参数包括微信加密签名(signature)、时间戳(timestamp)、随机数(nonce)和随机字符串(echostr)。

signature结合了在公众号管理后台填写的Token(或token)参数(此Token和临时access_token不同)。若确认请求来自微信服务器，原样返回参数echostr内容，则接入生效，否则接入失败。

验证消息来自微信服务器(或称后台)的流程包括：

(1) 将token、timestamp、nonce三个参数进行字典序排序；

(2) 将三个参数字符串拼接成一个字符串进行sha1加密；

(3) 获得加密后的字符串与signature对比。

该流程如图3-7所示。

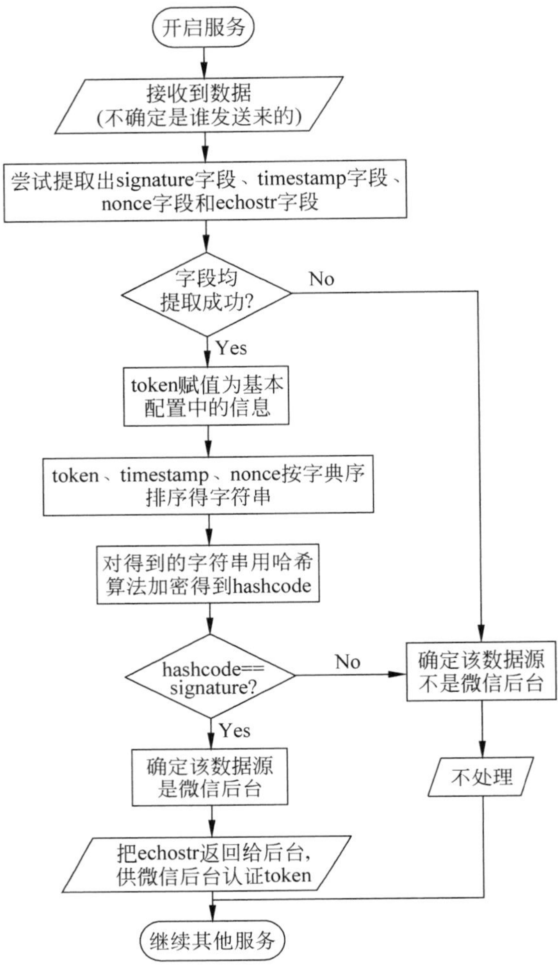

图 3-7 验证消息来自微信服务器(即微信后台)的流程

3.4.2 创建类 CheckUtil

继续在 3.3 节的基础上进行开发。在包 edu. bookcode 中创建 util 子包，并在包 edu. bookcode. util 中创建类 CheckUtil，代码如例 3-10 所示。

【例 3-10】 类 CheckUtil 的代码示例。

```
package edu.bookcode.util;
import java.security.MessageDigest;
import java.security.NoSuchAlgorithmException;
import java.util.Arrays;
public class CheckUtil {
//与微信公众号管理后台接口配置信息的 Token 保持一致,不是前面的 access_token
//修改成读者自己的 Token
private static final String TOKEN = "woodstoneweixingongzhonghao";
public static boolean checkSign(String signature, String timestamp, String nonce) {
```

```
        String[] paramArr = { TOKEN, timestamp, nonce };
        System.out.println("String of TOKEN :" + TOKEN);
        System.out.println("String of timestamp:" + timestamp);
        System.out.println("String of nonce:" + nonce);
        Arrays.sort(paramArr);
        String threeString = "";
        for (String each:paramArr) {
            threeString += each;
        }
        String mySHA1 = sha1(threeString);    //进行 sha1 加密
        return mySHA1.equalsIgnoreCase(signature);
    }
    //sha1 加密的实现方法
    //还可以参考微信公众平台官方文档给出的实现代码
    private static String sha1(String threeString) {
        StringBuilder stringBuilder = new StringBuilder();
        try {
            MessageDigest messageDigest = MessageDigest.getInstance("sha1");
            byte[] bytes = messageDigest.digest(threeString.getBytes());
            char[] chars = {'0', '1', '2', '3', '4', '5', '6', '7', '8', '9', 'a', 'b', 'c', 'd', 'e', 'f'};
            for (byte b:bytes) {
                stringBuilder.append(chars[b >> 4&15]);
                stringBuilder.append(chars[b&15]);
            }
            System.out.println("compute signature: " + stringBuilder);
        } catch (NoSuchAlgorithmException e) {
            e.printStackTrace();
        }
        return stringBuilder.toString();
    }
}
```

3.4.3　创建类 VerifyWXServerController

在包 edu.bookcode.controller 中创建类 VerifyWXServerController，代码如例 3-11 所示。

【例 3-11】　类 VerifyWXServerController 的代码示例。

```
package edu.bookcode.controller;
import edu.bookcode.util.CheckUtil;
import org.springframework.web.bind.annotation.*;
import javax.servlet.http.HttpServletRequest;
import javax.servlet.http.HttpServletResponse;
@RestController
public class VerifyWXServerController {
    //下面一行是运行本类时的相对地址
    @RequestMapping("/")
    //为了测试方便,在运行其他类时,必须注释掉上一行代码,即修改相对地址
    //并可以去掉下一行代码的注释,修改本类的相对地址
```

```
    //@RequestMapping("/testVerifyInfo")
    public String verifyInfoFromWXServer(HttpServletRequest req,HttpServletResponse res) {
        String signature = req.getParameter("signature");
        String timestamp = req.getParameter("timestamp");
        String nonce = req.getParameter("nonce");
        String echostr = req.getParameter("echostr");
        System.out.println("signature:" + signature + ",timestamp:" + timestamp +
",nonce:" + nonce );
        if(CheckUtil.checkSign(signature,timestamp,nonce)){
            return echostr; //假如在配置接口时出现"配置失败"信息,可运行该类
        };
        return "ok";
    }
}
```

3.4.4 运行程序

启动内网穿透工具后，按照例 3-9 中注释给出的提示修改 WXServerInfoController 的相对地址，并再次在 IDEA 中运行项目入口类 WxgzptkfbookApplication。

在手机微信公众号中输入任何文本，如“你好”，在控制台中的输出结果如图 3-8 所示。图 3-8 中两处 signature 内容相同，说明通过校验（即消息来自微信服务器）。在公众号管理后台配置 URL 等信息时，若提示出现“配置失败”的错误，也可以通过运行 3.4 节程序来解决。

```
signature:1dde49163f1d49e31439ebecd1cfb890f0a1602a,timestamp:1621782955,nonce:2103564418
String of TOKEN : woodstoneweixingongzhonghao
String of timestamp: 1621782955
String of nonce: 2103564418
compute signature: 1dde49163f1d49e31439ebecd1cfb890f0a1602a
```

图 3-8 验证消息来自微信服务器时在手机微信公众号中输入文本后在控制台中输出的结果

习题 3

简答题

1. 简述验证消息是否来自微信服务器的方法。
2. 画出验证消息来自微信服务器的流程图。

实验题

1. 实现对 access_token 的获取。
2. 实现网络检测。
3. 实现对 IP 地址的获取。
4. 实现验证消息是否来自微信服务器。

第二部分　应用篇

第4章　接收普通消息和被动回复消息

第5章　菜单和事件的应用开发

第6章　模板消息等消息能力的应用开发

第7章　素材管理的应用开发

第8章　用户管理的应用开发

第9章　账号管理的应用开发

第4章

接收普通消息和被动回复消息

本章先简要介绍公众号接收来自用户的普通消息和被动回复消息，给出不同类型的接收消息和被动回复消息的规范，并通过两个示例说明如何实现消息的接收和被动回复消息。对比功能相似实现方法有差异的两个示例，可以加深对微信公众平台应用开发中基于规范的开发的理解。

4.1 说明

4.1.1 公众号接收来自用户的普通消息和被动回复消息

当用户发送消息给公众号时，微信服务器将 XML 数据消息 POST（发送）给公众号服务器。目前可以接收文本、图片、语音、视频、小视频、地理位置、链接等消息。

公众号服务器如果需要对用户消息在一段时间（目前为 5s）内立即做出回应，可以返回特定 XML 结构的数据，即向用户被动回复消息。

微信服务器在将用户消息转发公众号服务器后的 5s 内若收不到响应会断掉连接，并且重新发起请求（目前总共重试 3 次）。当公众号服务器在 5s 内未回复任何内容，或回复了异常数据时，微信都会在公众号会话中向用户发出“该公众号提供的服务出现故障，请稍后再试”的提示。

假如公众号服务器无法保证在 5s 内处理并回复消息，可以直接回复 success 或者空串（指字节长度为 0 的空字符串，而不是如例 4-1 所示的 XML 数据中 Content 字段的内容为空），微信服务器不会对此做任何处理，并且不会发起重试。

4.1.2 不同类型接收消息的规范

接收的文本消息规范的代码示例如例 4-1 所示。

【例 4-1】 接收的文本消息规范的代码示例。

```
<xml>
  <ToUserName><![CDATA[toUser]]></ToUserName>
  <FromUserName><![CDATA[fromUser]]></FromUserName>
  <CreateTime>1348831860</CreateTime>
  <MsgType><![CDATA[text]]></MsgType>
  <Content><![CDATA[this is a test]]></Content>
  <MsgId>1234567890123456</MsgId>
  <MsgDataId>xxxx</MsgDataId>
  <Idx>xxxx</Idx>
</xml>
```

文本消息规范是一段以 XML 方式呈现的数据内容，代码中“<! [CDATA[]]>”表示它所包含的内容为纯文本，即内部是什么内容(如 text)将直接呈现什么内容(如 text)。这对一些包含特殊字符(需要转义)的内容很有帮助，如对于“<”在 XML 中需要进行转义处理，而使用“<! [CDATA[<]]>”这样的方式就可以直接表示文本内容“<”。文本消息(XML 规范)中字段的说明如表 4-1 所示。

表 4-1 文本消息(XML 规范)中字段的说明

字 段	描 述	哪些类型的消息包含该字段
ToUserName	接收方微信号	所有接收消息、被动回复消息类型
FromUserName	发送方微信号，若为普通用户，则是一个 OpenID	所有接收消息、被动回复消息类型
CreateTime	消息创建时间(整型)	所有接收消息、被动回复消息类型
MsgType	消息类型	文本为 text，图片为 image，语音为 voice，视频为 video，小视频为 shortvideo，地理位置为 location，链接为 link，音乐为 music
MsgId	消息 id，64 位整型	所有接收消息、被动回复消息类型
MsgDataId	消息的数据 ID(只有当消息来自文章时，才有此字段)	所有接收消息类型
Idx	对于多图文消息(当消息来自文章时，才有此字段)，无论显示的是第几篇文章，都要从 1 开始计数	所有接收消息类型
Content	文本消息内容	文本消息
MediaId	消息媒体 id，可以调用获取临时素材接口拉取数据	图片、语音、视频、小视频消息
PicUrl	图片链接	图片消息、图文消息
Format	语音格式，如 amr、speex 等	语音消息
ThumbMediaId	视频消息缩略图的媒体 id，可以调用多媒体文件下载接口拉取数据	视频消息、小视频消息、音乐消息
Location_X	地理位置纬度	地理位置消息
Location_Y	地理位置经度	地理位置消息
Scale	地图缩放大小	地理位置消息
Label	地理位置信息	地理位置消息
Title	消息标题	链接消息、音乐消息、图文消息
Description	消息描述	链接消息、音乐消息、图文消息

续表

字 段	描 述	哪些类型的消息包含该字段
Url	消息链接	链接消息、图文消息
MusicUrl	音乐链接	音乐消息
HQMusicUrl	高质量音乐链接，WiFi 环境优先使用该链接播放音乐	音乐消息
ArticleCount	图文消息个数；当用户发送文本、图片、语音、视频、图文、地理位置这 6 种消息时，开发者只能回复 1 条图文消息；其余场景最多可回复 8 条图文消息	图文消息
Articles	图文消息信息。注意，如果图文数超过限制，则将只发限制内的条数	图文消息

接收的图片消息规范的代码示例如例 4-2 所示，字段的说明如表 4-1 所示。

【例 4-2】 接收的图片消息规范的代码示例。

```
<xml>
  <ToUserName><![CDATA[toUser]]></ToUserName>
  <FromUserName><![CDATA[fromUser]]></FromUserName>
  <CreateTime>1348831860</CreateTime>
  <MsgType><![CDATA[image]]></MsgType>
  <PicUrl><![CDATA[this is a url]]></PicUrl>
  <MediaId><![CDATA[media_id]]></MediaId>
  <MsgId>1234567890123456</MsgId>
  <MsgDataId>xxxx</MsgDataId>
  <Idx>xxxx</Idx>
</xml>
```

接收的语音消息规范的代码示例如例 4-3 所示，字段的说明如表 4-1 所示。

【例 4-3】 接收的语音消息规范的代码示例。

```
<xml>
  <ToUserName><![CDATA[toUser]]></ToUserName>
  <FromUserName><![CDATA[fromUser]]></FromUserName>
  <CreateTime>1357290913</CreateTime>
  <MsgType><![CDATA[voice]]></MsgType>
  <MediaId><![CDATA[media_id]]></MediaId>
  <Format><![CDATA[Format]]></Format>
  <MsgId>1234567890123456</MsgId>
  <MsgDataId>xxxx</MsgDataId>
  <Idx>xxxx</Idx>
</xml>
```

接收的视频消息规范的代码示例如例 4-4 所示，字段的说明如表 4-1 所示。

【例 4-4】 接收的视频消息规范的代码示例。

```
<xml>
  <ToUserName><![CDATA[toUser]]></ToUserName>
```

```
    <FromUserName><![CDATA[fromUser]]></FromUserName>
    <CreateTime>1357290913</CreateTime>
    <MsgType><![CDATA[video]]></MsgType>
    <MediaId><![CDATA[media_id]]></MediaId>
    <ThumbMediaId><![CDATA[thumb_media_id]]></ThumbMediaId>
    <MsgId>1234567890123456</MsgId>
    <MsgDataId>xxxx</MsgDataId>
    <Idx>xxxx</Idx>
</xml>
```

接收的小视频消息规范的代码示例与例 4-4 相类似，只是 MsgType 中的内容由 video 变成 shortvideo，字段的说明如表 4-1 所示。

接收的地理位置消息规范的代码示例如例 4-5 所示，字段的说明如表 4-1 所示。

【例 4-5】 接收的地理位置消息规范的代码示例。

```
<xml>
    <ToUserName><![CDATA[toUser]]></ToUserName>
    <FromUserName><![CDATA[fromUser]]></FromUserName>
    <CreateTime>1351776360</CreateTime>
    <MsgType><![CDATA[location]]></MsgType>
    <Location_X>23.134521</Location_X>
    <Location_Y>113.358803</Location_Y>
    <Scale>20</Scale>
    <Label><![CDATA[位置信息]]></Label>
    <MsgId>1234567890123456</MsgId>
    <MsgDataId>xxxx</MsgDataId>
    <Idx>xxxx</Idx>
</xml>
```

接收的链接消息规范的代码示例如例 4-6 所示，字段的说明如表 4-1 所示。

【例 4-6】 接收的链接消息规范的代码示例。

```
<xml>
    <ToUserName><![CDATA[toUser]]></ToUserName>
    <FromUserName><![CDATA[fromUser]]></FromUserName>
    <CreateTime>1351776360</CreateTime>
    <MsgType><![CDATA[link]]></MsgType>
    <Title><![CDATA[公众平台官网链接]]></Title>
    <Description><![CDATA[公众平台官网链接]]></Description>
    <Url><![CDATA[url]]></Url>
    <MsgId>1234567890123456</MsgId>
    <MsgDataId>xxxx</MsgDataId>
    <Idx>xxxx</Idx>
</xml>
```

4.1.3 不同类型被动回复消息的规范

需要注意的是，在一次接收消息、回复消息的来回中接收消息中的 ToUserName 取值和被动回复消息中的 FromUserName 取值相同，而接收消息中的 FromUserName 取值和被动回复消息中的 ToUserName 取值相同。

被动回复的图片消息规范的代码示例如例 4-7 所示,字段的说明如表 4-1 所示。

【例 4-7】 被动回复的图片消息规范的代码示例。

```
<xml>
  <ToUserName><![CDATA[toUser]]></ToUserName>
  <FromUserName><![CDATA[fromUser]]></FromUserName>
  <CreateTime>12345678</CreateTime>
  <MsgType><![CDATA[image]]></MsgType>
  <Image>
    <MediaId><![CDATA[media_id]]></MediaId>
  </Image>
</xml>
<xml>
```

被动回复的语音消息规范的代码示例如例 4-8 所示,字段的说明如表 4-1 所示。

【例 4-8】 被动回复的语音消息规范的代码示例。

```
<xml>
  <ToUserName><![CDATA[toUser]]></ToUserName>
  <FromUserName><![CDATA[fromUser]]></FromUserName>
  <CreateTime>12345678</CreateTime>
  <MsgType><![CDATA[voice]]></MsgType>
  <Voice>
    <MediaId><![CDATA[media_id]]></MediaId>
  </Voice>
</xml>
```

被动回复的视频消息规范的代码示例如例 4-9 所示,字段的说明如表 4-1 所示。

【例 4-9】 被动回复的视频消息规范的代码示例。

```
<xml>
  <ToUserName><![CDATA[toUser]]></ToUserName>
  <FromUserName><![CDATA[fromUser]]></FromUserName>
  <CreateTime>12345678</CreateTime>
  <MsgType><![CDATA[video]]></MsgType>
  <Video>
    <MediaId><![CDATA[media_id]]></MediaId>
    <Title><![CDATA[title]]></Title>
    <Description><![CDATA[description]]></Description>
  </Video>
</xml>
```

被动回复的音乐消息规范的代码示例如例 4-10 所示,字段的说明如表 4-1 所示。

【例 4-10】 被动回复的音乐消息规范的代码示例。

```
<xml>
  <ToUserName><![CDATA[toUser]]></ToUserName>
  <FromUserName><![CDATA[fromUser]]></FromUserName>
  <CreateTime>12345678</CreateTime>
  <MsgType><![CDATA[music]]></MsgType>
```

```
  <Music>
    <Title><![CDATA[TITLE]]></Title>
    <Description><![CDATA[DESCRIPTION]]></Description>
    <MusicUrl><![CDATA[MUSIC_Url]]></MusicUrl>
    <HQMusicUrl><![CDATA[HQ_MUSIC_Url]]></HQMusicUrl>
    <ThumbMediaId><![CDATA[media_id]]></ThumbMediaId>
  </Music>
</xml>
```

被动回复的图文消息规范的代码示例如例 4-11 所示，字段的说明如表 4-1 所示。

【例 4-11】 被动回复的图文消息规范的代码示例。

```
<xml>
  <ToUserName><![CDATA[toUser]]></ToUserName>
  <FromUserName><![CDATA[fromUser]]></FromUserName>
  <CreateTime>12345678</CreateTime>
  <MsgType><![CDATA[news]]></MsgType>
  <ArticleCount>1</ArticleCount>
  <Articles>
    <item>
      <Title><![CDATA[title1]]></Title>
      <Description><![CDATA[description1]]></Description>
      <PicUrl><![CDATA[picurl]]></PicUrl>
      <Url><![CDATA[url]]></Url>
    </item>
  </Articles>
</xml>
```

视频讲解

4.2 收到消息后进行简单回复

4.2.1 创建消息类

继续在 3.4 节的基础上进行开发。在包 edu.bookcode 中创建 message 子包，并在包 edu.bookcode.message 中创建类 BaseMessageReceive，该类中的属性代表了所有收到消息的相同字段，代码如例 4-12 所示。

【例 4-12】 类 BaseMessageReceive 的代码示例。

```
package edu.bookcode.message;
import lombok.Data;
import lombok.NoArgsConstructor;
@Data
@NoArgsConstructor
public abstract class BaseMessageReceive {
    public String ToUserName;                    //接收方微信号
    public String FromUserName;                  //发送方微信号
    public long CreateTime;                      //消息创建时间
    public String MsgType;                       //消息类型
    public long MsgId;                           //消息 id
    //在开发时，可以不使用 MsgDataId 和 Idx 这两个字段
    //MsgDataId 和 Idx 这两个字段是 2022 年 5 月新增的，在本书出版时它们的使用场景较少
```

```
    //本书示例只在文本消息中使用它们,如果想要在其他消息中使用它们,则可以参考消息的使
    //用文档
    public long MsgDataId;              //消息的数据 ID(只有当消息来自文章时才有此字段)
    public long Idx;                    //对于多图文消息(当消息来自文章时,才有此字段),无
                                        //论显示的是第几篇文章,都要从 1 开始计数
}
```

在包 edu.bookcode.message 中创建类 TextMessageReceive,代码如例 4-13 所示。该类封装了文本消息的内容。可对照例 4-12、例 4-13 和例 4-1 示例代码,加深对接收的文本消息 XML 数据规范的理解。本节后面的类也分别封装了不同类型的消息。

【例 4-13】 类 TextMessageReceive 的代码示例。

```
package edu.bookcode.message;
import lombok.Data;
@Data
public class TextMessageReceive extends BaseMessageReceive {
    public String Content;
}
```

在包 edu.bookcode.message 中创建类 MediaMessageReceive,代码如例 4-14 所示。

【例 4-14】 类 MediaMessageReceive 的代码示例。

```
package edu.bookcode.message;
import lombok.Data;
@Data
public abstract class MediaMessageReceive extends BaseMessageReceive{
    private String MediaId;
}
```

在包 edu.bookcode.message 中创建类 ImageMessageReceive,代码如例 4-15 所示。

【例 4-15】 类 ImageMessageReceive 的代码示例。

```
package edu.bookcode.message;
import lombok.Data;
import lombok.NoArgsConstructor;
@Data
@NoArgsConstructor
public class ImageMessageReceive extends MediaMessageReceive{
    private String PicUrl;
}
```

在包 edu.bookcode.message 中创建类 VoiceMessageReceive,代码如例 4-16 所示。

【例 4-16】 类 VoiceMessageReceive 的代码示例。

```
package edu.bookcode.message;
import lombok.Data;
@Data
public class VoiceMessageReceive extends MediaMessageReceive{
    private String Format;
}
```

在包 edu.bookcode.message 中创建类 VideoMessageReceive,代码如例 4-17 所示。

【例 4-17】 类 VideoMessageReceive 的代码示例。

```
package edu.bookcode.message;
import lombok.Data;
@Data
public class VideoMessageReceive extends MediaMessageReceive{
      private String ThumbMediaId;
      //为了回复消息补充的字段,官方文档中无此属性,可以不用增加
      private String Title;
      private String Description;
}
```

在包 edu.bookcode.message 中创建类 LocationMessageReceive，代码如例 4-18 所示。

【例 4-18】 类 LocationMessageReceive 的代码示例。

```
package edu.bookcode.message;
import lombok.Data;
@Data
public class LocationMessageReceive extends BaseMessageReceive {
      private String Location_X;
      private String Location_Y;
      private String Scale;
      private String Label;
}
```

在包 edu.bookcode.message 中创建类 LinkMessageReceive，代码如例 4-19 所示。

【例 4-19】 类 LinkMessageReceive 的代码示例。

```
package edu.bookcode.message;
import lombok.Data;
@Data
public class LinkMessageReceive extends BaseMessageReceive{
      private String Title;
      private String Description;
      private String Url;
}
```

4.2.2 创建类 MessageTemplateUtil

在包 edu.bookcode.util 中创建类 MessageTemplateUtil，代码如例 4-20 所示。

【例 4-20】 类 MessageTemplateUtil 的代码示例。

```
package edu.bookcode.util;
import edu.bookcode.message.*;
public class MessageTemplateUtil {
    //被动回复文本消息(一句话)
    public static String defaultMessage(String messageXML){
        int typePosition1 = messageXML.indexOf("<MsgType>");
        int typePosition2 = messageXML.indexOf("</MsgType>");
        String xmlBegin = messageXML.substring(0,typePosition1);
```

```
        String messageType = messageXML.substring(typePosition1 + 9,typePosition2);
        String content = "";
        switch (messageType) {
            case "video":
                content = "您上传了一段视频。";
                break;
            case "shortvideo":
                content = "您上传了一段小视频。";
                break;
            case "location":
                content = "您发了一条地理位置信息。";
                break;
            case "link":
                content = "您发了一个链接。";
                break;
            default:
                content = "目前还不支持此种类型消息。";
                break;
        }
        String xml =   xmlBegin +
                  "<MsgType>text</MsgType>" +
                  "<Content>" + content + "</Content>" +
                  "</xml>";
        return xml;
    }
    //文本消息由对象转换为 XML 格式字符串
    public static String textMessageToXML(TextMessageReceive textMessage){
        //注意,字符串中<xml>为小写
        String xml = "<xml>" +
                  "<ToUserName>" + textMessage.getFromUserName() + "</ToUserName>" +
                  "<FromUserName>" + textMessage.getToUserName() + "</FromUserName>" +
                  "<CreateTime>" + textMessage.getCreateTime() + "</CreateTime>" +
                  "<MsgType>text</MsgType>" +
                  "<Content>" + textMessage.getContent() + "</Content>" +
                  "</xml>";
        return xml;
    }
    public static String imageMessageToXML(ImageMessageReceive imageMessage){
        String xml = "<xml>" +
                  "<ToUserName>" + imageMessage.getFromUserName() + "</ToUserName>" +
                  "<FromUserName>" + imageMessage.getToUserName() + "</FromUserName>" +
                  "<CreateTime>" + imageMessage.getCreateTime() + "</CreateTime>" +
                  "<MsgType>image</MsgType><Image>" +
                  "<MediaId>" + imageMessage.getMediaId() + "</MediaId>" +
                  "</Image></xml>";
        return xml;
    }
    public static String voiceMessageToXML(VoiceMessageReceive imageMessage){
        String xml = "<xml>" +
                  "<ToUserName>" + imageMessage.getFromUserName() + "</ToUserName>" +
                  "<FromUserName>" + imageMessage.getToUserName() + "</FromUserName>" +
```

```
                "<CreateTime>" + imageMessage.getCreateTime() + "</CreateTime>" +
                "<MsgType>voice</MsgType><Voice>" +
                "<MediaId>" + imageMessage.getMediaId() + "</MediaId>" +
                "</Voice></xml>";
        return xml;
    }
    public static String videoMessageToXML(VideoMessageReceive videoMessage) {
        String xml = "<xml>" +
                "<ToUserName>" + videoMessage.getFromUserName() + "</ToUserName>" +
                "<FromUserName>" + videoMessage.getToUserName() + "</FromUserName>" +
                "<CreateTime>" + videoMessage.getCreateTime() + "</CreateTime>" +
                "<MsgType>video</MsgType><Video>" +
                "<MediaId>" + videoMessage.getMediaId() + "</MediaId>" +
                "<Title>" + videoMessage.getTitle() + "</Title>" +
                "<Description>" + videoMessage.getDescription() + "</Description>" +
                "</Video></xml>";
        return xml;
    }
    public static String shortVideoMessageToXML(VideoMessageReceive videoMessage) {
        String xml = "<xml>" +
                "<ToUserName>" + videoMessage.getFromUserName() + "</ToUserName>" +
                "<FromUserName>" + videoMessage.getToUserName() + "</FromUserName>" +
                "<CreateTime>" + videoMessage.getCreateTime() + "</CreateTime>" +
                "<MsgType>shortvideo</MsgType><Video>" +
                "<Title>" + videoMessage.getTitle() + "</Title>" +
                "<MediaId>" + videoMessage.getMediaId() + "</MediaId>" +
                "<Description>" + videoMessage.getDescription() + "</Description>" +
                "</Video></xml>";
        return xml;
    }
    public static String locationMessageToXML(LocationMessageReceive locationMessage) {
        String xml = "<xml>" +
                "<ToUserName>" + locationMessage.getFromUserName() + "</ToUserName>" +
                "<FromUserName>" + locationMessage.getToUserName() + "</FromUserName>" +
                "<CreateTime>" + locationMessage.getCreateTime() + "</CreateTime>" +
                "<MsgType>location</MsgType>" +
                "<Location_X>" + locationMessage.getLocation_X() + "</Location_X>" +
                "<Location_Y>" + locationMessage.getLocation_Y() + "</Location_Y>" +
                "<Scale>" + locationMessage.getScale() + "</Scale>" +
                "<Label>" + locationMessage.getLabel() + "</Label>" +
                "<MsgId>" + locationMessage.getMsgId() + "</MsgId>" +
                "</xml>";
        return xml;
    }
    public static String linkMessageToXML(LinkMessageReceive linkMessage) {
        String xml = "<xml>" +
                "<ToUserName>" + linkMessage.getFromUserName() + "</ToUserName>" +
                "<FromUserName>" + linkMessage.getToUserName() + "</FromUserName>" +
                "<CreateTime>" + linkMessage.getCreateTime() + "</CreateTime>" +
                "<MsgType>link</MsgType>" +
                "<Title>" + linkMessage.getTitle() + "</Title>" +
```

```
                "<Description>" + linkMessage.getDescription() + "</Description>" +
                "<Url>" + linkMessage.getUrl() + "</Url>" +
                "<MsgId>" + linkMessage.getMsgId() + "</MsgId>" +
                "</xml>";
        return xml;
    }
}
```

4.2.3 创建类 ChangeMessageToXML

在包 edu.bookcode.util 中创建类 ChangeMessageToXML，代码如例 4-21 所示。

【例 4-21】 类 ChangeMessageToXML 的代码示例。

```
package edu.bookcode.util;
import edu.bookcode.message.*;
import java.util.Date;
import java.util.Map;
public class ChangeMessageToXML {
    //接收的文本消息封装成 XML 格式的数据，并返回 XML 格式数据(字符串)
    public static String textMessageToXML(Map<String, String> message)  {
        TextMessageReceive textMessage = new TextMessageReceive();
        textMessage.setToUserName(message.get("ToUserName"));
        textMessage.setFromUserName(message.get("FromUserName"));
        textMessage.setCreateTime(new Date().getTime());
        textMessage.setContent(message.get("Content"));
        textMessage.setMsgType("text");
        long msgId = Long.parseLong(message.get("MsgId"));
        textMessage.setMsgId(msgId);
        //MsgDataId 和 Idx 这两个字段是 2022 年 5 月新增的，在本书出版时它们的使用场景较少
        //本书示例只在文本消息中使用它们，如果想要在其他消息中使用它们，则可以参考消
        //息的使用文档
         long msgDataId = 1L;
        //对于消息的数据 ID，只有当消息来自文章时才有此字段，因此要对其进行条件判断
        if(null != message.get("MsgDataId"))
        msgDataId = Long.parseLong(message.get("MsgDataId"));
        textMessage.setMsgDataId(msgDataId);
        long idx = 1L;
        //对于多图文消息(当消息来自文章时，才有此字段)，Idx 字段显示是第几篇文章
        //无论显示的是第几篇文章，都要从 1 开始计数，因此要对其进行条件判断
        if(null != message.get("Idx"))
        idx = Long.parseLong(message.get("Idx"));
        textMessage.setIdx(idx);
        //MsgDataId 和 Idx 这两个字段只有在接收消息时才会用到，并且它们对回复消息不会产
        //生影响
        String xml = MessageTemplateUtil.textMessageToXML(textMessage);
        return xml;
    }
    public static String imageMessageToXML(Map<String, String> message) {
        ImageMessageReceive imageMessage = new ImageMessageReceive();
```

```
        imageMessage.setToUserName(message.get("ToUserName"));
        imageMessage.setFromUserName(message.get("FromUserName"));
        imageMessage.setCreateTime(new Date().getTime());
        imageMessage.setMsgType("image");
        imageMessage.setMsgId(Long.parseLong(message.get("MsgId")));
        imageMessage.setPicUrl(message.get("PicUrl"));
        imageMessage.setMediaId(message.get("MediaId"));
        String xml = MessageTemplateUtil.imageMessageToXML(imageMessage);
        return xml;
    }
    public static String voiceMessageToXML(Map<String, String> message) {
        VoiceMessageReceive voiceMessage = new VoiceMessageReceive();
        voiceMessage.setToUserName(message.get("ToUserName"));
        voiceMessage.setFromUserName(message.get("FromUserName"));
        voiceMessage.setCreateTime(new Date().getTime());
        voiceMessage.setMsgType("voice");
        voiceMessage.setMsgId(Long.parseLong(message.get("MsgId")));
        voiceMessage.setFormat(message.get("Format"));
        voiceMessage.setMediaId(message.get("MediaId"));
        String xml = MessageTemplateUtil.voiceMessageToXML(voiceMessage);
        return xml;
    }
    public static String videoMessageToXML(Map<String, String> message) {
        VideoMessageReceive videoMessage = new VideoMessageReceive();
        videoMessage.setToUserName(message.get("ToUserName"));
        videoMessage.setFromUserName(message.get("FromUserName"));
        videoMessage.setCreateTime(new Date().getTime());
        videoMessage.setMsgType("video");
        videoMessage.setMediaId(message.get("MediaId"));
        videoMessage.setThumbMediaId(message.get("ThumbMediaId"));
        videoMessage.setMsgId(Long.parseLong(message.get("MsgId")));
        String title = "this is a video title";
        if(message.get("Title") == null || message.get("Title").length() == 0) {
            videoMessage.setTitle(title);
        } else {
            videoMessage.setTitle(message.get("Title"));
        }
        String description = "this is a video.";
        if(message.get("Description") == null || message.get("Description").length() == 0) {
            videoMessage.setDescription(description);
        } else {
            videoMessage.setDescription(message.get("Description"));
        }
        String xml = MessageTemplateUtil.videoMessageToXML(videoMessage);
        return xml;
    }
    public static String shortVideoMessageToXML(Map<String, String> message) {
        VideoMessageReceive videoMessage = new VideoMessageReceive();
        videoMessage.setToUserName(message.get("ToUserName"));
        videoMessage.setFromUserName(message.get("FromUserName"));
        videoMessage.setCreateTime(new Date().getTime());
```

```
        videoMessage.setMsgType("shortvideo");
        videoMessage.setMediaId(message.get("MediaId"));
        videoMessage.setThumbMediaId(message.get("ThumbMediaId"));
        videoMessage.setMsgId(Long.parseLong(message.get("MsgId")));
        String title = "this is a short video title";
        if(message.get("Title") == null || message.get("Title").length() == 0) {
            videoMessage.setTitle(title);
        } else {
            videoMessage.setTitle(message.get("Title"));
        }
        String description = "this is a short video.";
        if(message.get("Description") == null || message.get("Description").length() == 0) {
            videoMessage.setDescription(description);
        } else {
            videoMessage.setDescription(message.get("Description"));
        }
        String xml = MessageTemplateUtil.shortVideoMessageToXML(videoMessage);
        return xml;
    }
    public static String locationMessageToXML(Map<String, String> message) {
        LocationMessageReceive locationMessage = new LocationMessageReceive();
        locationMessage.setToUserName(message.get("ToUserName"));
        locationMessage.setFromUserName(message.get("FromUserName"));
        locationMessage.setCreateTime(new Date().getTime());
        locationMessage.setMsgType("location");
        locationMessage.setLocation_X(message.get("Location_X"));
        locationMessage.setLocation_Y(message.get("Location_Y"));
        locationMessage.setScale(message.get("Scale"));
        locationMessage.setLabel(message.get("Label"));
        locationMessage.setMsgId(Long.parseLong(message.get("MsgId")));
        String xml = MessageTemplateUtil.locationMessageToXML(locationMessage);
        return xml;
    }
    public static String linkMessageToXML(Map<String, String> message) {
        LinkMessageReceive linkMessage = new LinkMessageReceive();
        linkMessage.setToUserName(message.get("ToUserName"));
        linkMessage.setFromUserName(message.get("FromUserName"));
        linkMessage.setCreateTime(new Date().getTime());
        String title = "this is link title";
        if(message.get("Title") == null || message.get("Title").length() == 0) {
            linkMessage.setTitle(title);
        } else {
            linkMessage.setTitle(message.get("Title"));
        }
        String description = "this is a link.";
        if(message.get("Description") == null || message.get("Description").length() == 0) {
            linkMessage.setDescription(description);
        } else {
            linkMessage.setDescription(message.get("Description"));
        }
        linkMessage.setUrl(message.get("Url"));
```

```
            linkMessage.setMsgId(Long.parseLong(message.get("MsgId")));
            String xml = MessageTemplateUtil.linkMessageToXML(linkMessage);
            return xml;
        }
}
```

4.2.4 创建类 OutAndSendUtil

在包 edu.bookcode.util 中创建类 OutAndSendUtil，代码如例 4-22 所示。

【例 4-22】 类 OutAndSendUtil 的代码示例。

```
package edu.bookcode.util;
import javax.servlet.http.HttpServletResponse;
import java.io.PrintWriter;
public class OutAndSendUtil {
public static void outMessageToConsole(String xml) {
    System.out.println("消息内容转换为 XML 输出到控制台:");
    System.out.println(xml);
  }
  public static void sendMessageToWXAppClient(String xml, HttpServletResponse response) {
    PrintWriter out;
    response.setCharacterEncoding("UTF - 8");
    try {
        out = response.getWriter();
        out.print(xml);
        out.close();
    } catch (Exception e) {
        e.printStackTrace();
    }
  }
}
```

4.2.5 创建类 ReceiveMessageController

在包 edu.bookcode.controller 中创建类 ReceiveMessageController，代码如例 4-23 所示。

【例 4-23】 类 ReceiveMessageController 的代码示例。

```
package edu.bookcode.controller;
import edu.bookcode.message.TextMessageReceive;
import edu.bookcode.util.*;
import org.springframework.web.bind.annotation.RequestMapping;
import org.springframework.web.bind.annotation.RestController;
import javax.servlet.http.HttpServletRequest;
import javax.servlet.http.HttpServletResponse;
import java.io.IOException;
import java.io.PrintWriter;
import java.util.Date;
```

```
import java.util.Map;
@RestController
public class ReceiveMessageController {
    //下面一行是运行本类时的相对地址
    @RequestMapping("/")
    //为了测试方便,在运行其他类时,必须注释掉上一行代码,即修改相对地址
    //并可以去掉下一行代码的注释,修改本类的相对地址
    //@RequestMapping("/testMessage")
    void messageOut(HttpServletRequest request, HttpServletResponse response) throws IOException {
        request.setCharacterEncoding("UTF-8");
        response.setCharacterEncoding("UTF-8");
        Map<String, String> message = ProcessToMapUtil.requestToMap(request);
        String messageType = message.get("MsgType");
        switch (messageType) {
            case "text" :
                textOutAndSend(message,response);
                break;
            case "image" :
                imageOutAndSend(message,response);
                break;
            case "voice" :
                voiceOutAndSend(message,response);
                break;
            case "video" :
                videoOutAndSend(message,response);
                break;
            case "shortvideo" :
                shortVideoOutAndSend(message,response);
                break;
            case "location" :
                locationOutAndSend(message,response);
                break;
            case "link" :
                linkOutAndSend(message,response);
                break;
            default:
                break;
        }
    }
    //对链接信息的被动回复
    private void linkOutAndSend(Map<String, String> message, HttpServletResponse response) {
        String xml = ChangeMessageToXML.linkMessageToXML(message);
        OutAndSendUtil.outMessageToConsole(xml);
        //回复一句话(文本消息)
        String sendTextXML = MessageTemplateUtil.defaultMessage(xml);
        OutAndSendUtil.sendMessageToWXAppClient(sendTextXML,response);
    }
    private void locationOutAndSend(Map<String, String> message, HttpServletResponse response) {
        String xml = ChangeMessageToXML.locationMessageToXML(message);
        OutAndSendUtil.outMessageToConsole(xml);
        String sendTextXML = MessageTemplateUtil.defaultMessage(xml);
```

```
        OutAndSendUtil.sendMessageToWXAppClient(sendTextXML,response);
    }
    private void shortVideoOutAndSend(Map<String, String> message, HttpServletResponse response) {
        String xml = ChangeMessageToXML.shortVideoMessageToXML(message);
        OutAndSendUtil.outMessageToConsole(xml);
        String sendTextXML = MessageTemplateUtil.defaultMessage(xml);
        OutAndSendUtil.sendMessageToWXAppClient(sendTextXML,response);
    }
    private void voiceOutAndSend(Map<String, String> message, HttpServletResponse response) {
        String xml  =  ChangeMessageToXML.voiceMessageToXML(message);
        OutAndSendUtil.outMessageToConsole(xml);
        OutAndSendUtil.sendMessageToWXAppClient(xml,response);
    }
    private void imageOutAndSend(Map<String, String> message, HttpServletResponse response) {
        String xml = ChangeMessageToXML.imageMessageToXML(message);
        OutAndSendUtil.outMessageToConsole(xml);
        OutAndSendUtil.sendMessageToWXAppClient(xml,response);
    }
    private void videoOutAndSend(Map<String, String> message, HttpServletResponse response) {
        String xml = ChangeMessageToXML.videoMessageToXML(message);
        OutAndSendUtil.outMessageToConsole(xml);
        String sendTextXML = MessageTemplateUtil.defaultMessage(xml);
        OutAndSendUtil.sendMessageToWXAppClient(sendTextXML,response);
    }
    //对文本消息的被动回复,直接返回收到的消息
    private void textOutAndSend(Map<String, String> message, HttpServletResponse response) {
        String xml = ChangeMessageToXML.textMessageToXML(message);
        OutAndSendUtil.outMessageToConsole(xml);
        OutAndSendUtil.sendMessageToWXAppClient(xml,response);
    }
    @RequestMapping("/textMessageOut")
void textMessageOut(HttpServletRequest request, HttpServletResponse response) throws IOException {
        request.setCharacterEncoding("UTF-8");
        response.setCharacterEncoding("UTF-8");
        Map<String,String> message = ProcessToMapUtil.requestToMap(request);
        String messageType = message.get("MsgType");
        if(messageType.equals("text")){
            System.out.println("文本消息如下:");
            System.out.println("ToUserName:" + message.get("ToUserName"));
            System.out.println("FromUserName:" + message.get("FromUserName"));
            System.out.println("CreateTime:" + message.get("CreateTime"));
            System.out.println("MsgType:" + message.get("MsgType"));
            System.out.println("Content:" + message.get("Content"));
            long msgId = Long.parseLong(message.get("MsgId"));
            System.out.println("MsgId:" + message.get("MsgId"));
            String req_content = message.get("Content");
            String res_content = req_content;
            TextMessageReceive textMessage = new TextMessageReceive();
            //注意接收消息和回复消息时 ToUserName 和 FromUserName 的关系,否则会出错
            textMessage.setToUserName(message.get("FromUserName"));
            textMessage.setFromUserName(message.get("ToUserName"));
```

```
            textMessage.setCreateTime(new Date().getTime());
            textMessage.setContent(req_content);
            textMessage.setMsgType(messageType);
            textMessage.setMsgId(msgId);
            String xml = XMLProcessUtil.messageToXML(textMessage);
            System.out.println("文本消息内容转换为 XML:");
            System.out.println(xml);
              //输出到关注了本公众号的用户的微信终端上
            PrintWriter out = response.getWriter();
            out.print(xml);
            out.close();
        }
    }
}
```

4.2.6 运行程序

启动内网穿透工具后，按照例 3-11 中注释给出的提示修改 VerifyWXServerController 的相对地址，并再次在 IDEA 中运行项目入口类 WxgzptkfbookApplication。

在手机端的微信公众号中输入文本（如“你好”和微笑表情）、发送图片（预先准备好的图片）、发送语音（直接采用微信的语音功能）、发送视频（预先准备好的视频）、发送地理位置（手机当前所在的位置）、发送链接预先准备好的链接等消息，手机上的结果如图 4-1 和图 4-2 所示（上下屏滑动显示）。控制台中的输出结果读者参考自行运行的结果或者参考视频内容。

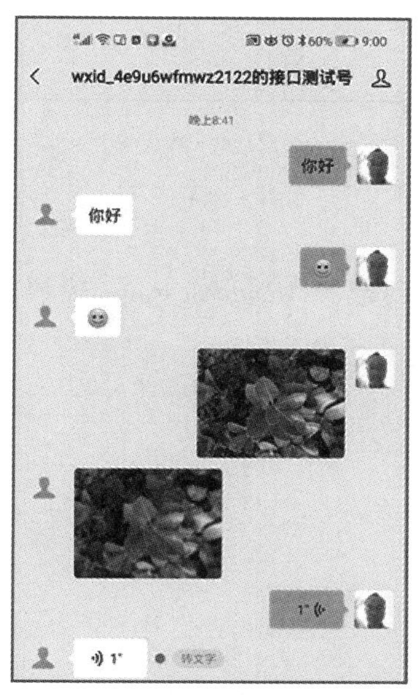

图 4-1 在手机端的微信公众号中接收文本、图片、语音等并被动回复这些消息的输出结果

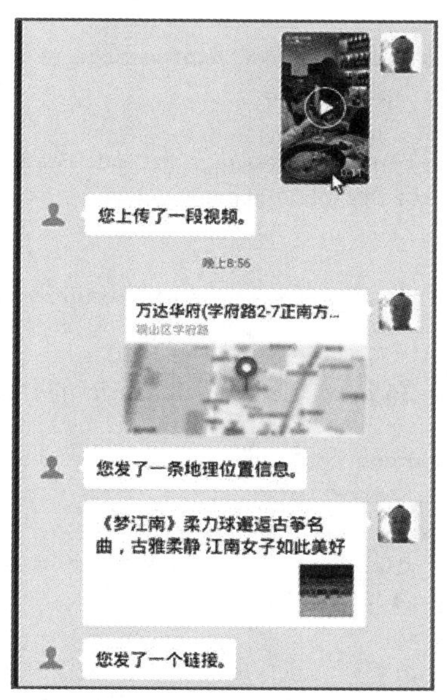

图 4-2 在手机端的微信公众号中接收视频、地理位置、链接等消息并被动回复这些消息的输出结果

4.3 收到消息后根据情况进行回复

4.3.1 创建接收消息类

视频讲解

继续在 4.2 节的基础上进行开发。在包 edu. bookcode 中创建 exofmessage 子包，并在包 edu. bookcode. exofmessage 中创建 message. req 子包，在包 edu. bookcode. exofmessage. message. req 中创建类 BaseMessage，代码如例 4-24 所示。

【例 4-24】 类 BaseMessage 的代码示例。

```
package edu.bookcode.exofmessage.message.req;
import lombok.Data;
@Data
public class BaseMessage {
 private String ToUserName;
 private String FromUserName;
 private long CreateTime;
 private String MsgType;
 private long MsgId;
}
```

在包 edu. bookcode. exofmessage. message. req 中创建类 TextMessage，代码如例 4-25 所示。

【例 4-25】 类 TextMessage 的代码示例。

```
package edu.bookcode.exofmessage.message.req;
import lombok.Data;
@Data
public class TextMessage extends BaseMessage {
 private String Content;
}
```

在包 edu. bookcode. exofmessage. message. req 中创建类 ImageMessage，代码如例 4-26 所示。

【例 4-26】 类 ImageMessage 的代码示例。

```
package edu.bookcode.exofmessage.message.req;
import lombok.Data;
@Data
public class ImageMessage extends BaseMessage {
 private String PicUrl;
}
```

在包 edu. bookcode. exofmessage. message. req 中创建类 VoiceMessage，代码如例 4-27 所示。

【例 4-27】 类 VoiceMessage 的代码示例。

```
package edu.bookcode.exofmessage.message.req;
```

```
import lombok.Data;
@Data
public class VoiceMessage extends BaseMessage {
 private String MediaId;
 private String Format;
 //注意,这个属性和语音识别有关,和官方文档略有差异
 private String Recognition;
}
```

在包 edu. bookcode. exofmessage. message. req 中创建类 VideoMessage，代码如例 4-28 所示。

【例 4-28】 类 VideoMessage 的代码示例。

```
package edu.bookcode.exofmessage.message.req;
import lombok.Data;
@Data
public class VideoMessage extends BaseMessage {
 private String MediaId;
 private String ThumbMediaId;
}
```

在包 edu. bookcode. exofmessage. message. req 中创建类 LocationMessage，代码如例 4-29 所示。

【例 4-29】 类 LocationMessage 的代码示例。

```
package edu.bookcode.exofmessage.message.req;
import lombok.Data;
@Data
public class LocationMessage extends BaseMessage {
 private String Location_X;
 private String Location_Y;
 private String Scale;
 private String Label;
}
```

在包 edu. bookcode. exofmessage. message. req 中创建类 LinkMessage，代码如例 4-30 所示。

【例 4-30】 类 LinkMessage 的代码示例。

```
package edu.bookcode.exofmessage.message.req;
import lombok.Data;
@Data
public class LinkMessage extends BaseMessage {
 private String Title;
 private String Description;
 private String Url;
}
```

4.3.2 创建回复消息类

在包 edu. bookcode. exofmessage 中创建 message. resp 子包，在包 edu. bookcode.

exofmessage. message. resp 中创建类 BaseMessage，代码如例 4-31 所示。

【例 4-31】 类 BaseMessage 的代码示例。

```
package edu.bookcode.exofmessage.message.resp;
import lombok.Data;
@Data
public class BaseMessage {
 private String ToUserName;
 private String FromUserName;
 private long CreateTime;
 private String MsgType;
}
```

在包 edu. bookcode. exofmessage. message. resp 中创建类 TextMessage，代码如例 4-32 所示。

【例 4-32】 类 TextMessage 的代码示例。

```
package edu.bookcode.exofmessage.message.resp;
import lombok.Data;
@Data
public class TextMessage extends BaseMessage {
 private String Content;
}
```

在包 edu. bookcode. exofmessage. message. resp 中创建类 Image，代码如例 4-33 所示。

【例 4-33】 类 Image 的代码示例。

```
package edu.bookcode.exofmessage.message.resp;
import lombok.Data;
@Data
public class Image {
 private String MediaId;
}
```

在包 edu. bookcode. exofmessage. message. resp 中创建类 ImageMessage，代码如例 4-34 所示。

【例 4-34】 类 ImageMessage 的代码示例。

```
package edu.bookcode.exofmessage.message.resp;
import lombok.Data;
@Data
public class ImageMessage extends BaseMessage {
 private Image Image;
}
```

在包 edu. bookcode. exofmessage. message. resp 中创建类 Voice，代码如例 4-35 所示。

【例 4-35】 类 Voice 的代码示例。

```
package edu.bookcode.exofmessage.message.resp;
import lombok.Data;
@Data
```

```
public class Voice {
    private String MediaId;
}
```

在包 edu. bookcode. exofmessage. message. resp 中创建类 VoiceMessage，代码如例 4-36 所示。

【例 4-36】 类 VoiceMessage 的代码示例。

```
package edu.bookcode.exofmessage.message.resp;
import lombok.Data;
@Data
public class VoiceMessage extends BaseMessage {
 private Voice Voice;
}
```

在包 edu. bookcode. exofmessage. message. resp 中创建类 Video，代码如例 4-37 所示。

【例 4-37】 类 Video 的代码示例。

```
package edu.bookcode.exofmessage.message.resp;
import lombok.Data;
@Data
public class Video {
 private String MediaId;
 private String ThumbMediaId;
}
```

在包 edu. bookcode. exofmessage. message. resp 中创建类 VideoMessage，代码如例 4-38 所示。

【例 4-38】 类 VideoMessage 的代码示例。

```
package edu.bookcode.exofmessage.message.resp;
import lombok.Data;
@Data
public class VideoMessage extends BaseMessage {
 private Video Video;
}
```

在包 edu. bookcode. exofmessage. message. resp 中创建类 Music，代码如例 4-39 所示。

【例 4-39】 类 Music 的代码示例。

```
package edu.bookcode.exofmessage.message.resp;
import lombok.Data;
@Data
public class Music {
 private String Title;
 private String Description;
 private String MusicUrl;
 private String HQMusicUrl;
 private String ThumbMediaId;
}
```

在包 edu. bookcode. exofmessage. message. resp 中创建类 MusicMessage，代码如例 4-40

所示。

【例 4-40】 类 MusicMessage 的代码示例。

```
package edu.bookcode.exofmessage.message.resp;
import lombok.Data;
@Data
public class MusicMessage extends BaseMessage {
 private Music Music;
}
```

在包 edu.bookcode.exofmessage.message.resp 中创建类 Article，代码如例 4-41 所示。

【例 4-41】 类 Article 的代码示例。

```
package edu.bookcode.exofmessage.message.resp;
import lombok.Data;
@Data
public class Article {
 private String Title;
 private String Description;
 private String PicUrl;
 private String Url;
}
```

在 edu.bookcode.exofmessage.message.resp 子包中创建类 NewsMessage，代码如例 4-42 所示。

【例 4-42】 类 NewsMessage 的代码示例。

```
package edu.bookcode.exofmessage.message.resp;
import lombok.Data;
import java.util.List;
@Data
public class NewsMessage extends BaseMessage {
 private int ArticleCount;
 private List<Article> Articles;
}
```

4.3.3 创建类 SignUtil

在包 edu.bookcode.exofmessage 中创建 util 子包，在包 edu.bookcode.exofmessage.util 中创建类 SignUtil，代码如例 4-43 所示。

【例 4-43】 类 SignUtil 的代码示例。

```
package edu.bookcode.exofmessage.util;
import java.security.MessageDigest;
import java.security.NoSuchAlgorithmException;
import java.util.Arrays;
public class SignUtil {
private static String token = "woodstoneweixingongzhonghao";
```

```
public static boolean checkSignature(String signature, String timestamp, String nonce) {
      String[] paramArr = new String[] { token, timestamp, nonce };
      Arrays.sort(paramArr);
      String content = paramArr[0].concat(paramArr[1]).concat(paramArr[2]);
      String ciphertext = null;
      try {
            MessageDigest md = MessageDigest.getInstance("SHA-1");
            byte[] digest = md.digest(content.getBytes());
            ciphertext = byteToStr(digest);
      } catch (NoSuchAlgorithmException e) {
            e.printStackTrace();
      }
      return ciphertext != null ? ciphertext.equals(signature.toUpperCase()) : false;
      }
      private static String byteToStr(byte[] byteArray) {
            String strDigest = "";
            for (int i = 0; i < byteArray.length; i++) {
                  strDigest += byteToHexStr(byteArray[i]);
            }
            return strDigest;
      }
      private static String byteToHexStr(byte mByte) {
            char[] Digit = { '0', '1', '2', '3', '4', '5', '6', '7', '8', '9', 'A', 'B', 'C', 'D', 'E', 'F' };
            char[] tempArr = new char[2];
            tempArr[0] = Digit[(mByte >>> 4) & 0X0F];
            tempArr[1] = Digit[mByte & 0X0F];
            String s = new String(tempArr);
            return s;
      }
}
```

4.3.4 创建类 MessageUtil

在子包 edu.bookcode.exofmessage.util 中创建类 MessageUtil,代码如例 4-44 所示。

【例 4-44】 类 MessageUtil 的代码示例。

```
package edu.bookcode.exofmessage.util;
import java.io.InputStream;
import java.io.Writer;
import java.util.HashMap;
import java.util.List;
import java.util.Map;
import javax.servlet.http.HttpServletRequest;
import edu.bookcode.exofmessage.message.resp.TextMessage;
import org.dom4j.Document;
import org.dom4j.Element;
import org.dom4j.io.SAXReader;
import com.thoughtworks.xstream.XStream;
import com.thoughtworks.xstream.core.util.QuickWriter;
```

```
import com.thoughtworks.xstream.io.HierarchicalStreamWriter;
import com.thoughtworks.xstream.io.xml.PrettyPrintWriter;
import com.thoughtworks.xstream.io.xml.XppDriver;
//此类是采用已有的开源框架 Dom4j 和 XStream 来实现对 XML 的处理
public class MessageUtil {
public static Map<String, String> parseXml(HttpServletRequest request) throws Exception {
    Map<String, String> map = new HashMap<String, String>();
    InputStream inputStream = request.getInputStream();
    SAXReader reader = new SAXReader();
    Document document = reader.read(inputStream);
    Element root = document.getRootElement();
    List<Element> elementList = root.elements();
    for (Element e : elementList)
        map.put(e.getName(), e.getText());
    inputStream.close();
    return map;
}
private static XStream xstream = new XStream(new XppDriver() {
    public HierarchicalStreamWriter createWriter(Writer out) {
        return new PrettyPrintWriter(out) {
            boolean cdata = true;
            @SuppressWarnings("unchecked")
            public void startNode(String name, Class clazz) {
                super.startNode(name, clazz);
            }
            protected void writeText(QuickWriter writer, String text) {
                if (cdata) {
                    writer.write("<![CDATA[");
                    writer.write(text);
                    writer.write("]]>");
                } else {
                    writer.write(text);
                }
            }
        };
    }
});
public static String messageToXml(TextMessage textMessage) {
    xstream.alias("xml", textMessage.getClass());
    return xstream.toXML(textMessage);
}
}
```

4.3.5 创建类 CoreService

在包 edu.bookcode.exofmessage 中创建 service 子包，并在包 edu.bookcode.exofmessage.service 中创建类 CoreService，代码如例 4-45 所示。

【例 4-45】 类 CoreService 的代码示例。

```
package edu.bookcode.exofmessage.service;
import edu.bookcode.exofmessage.message.resp.TextMessage;
import edu.bookcode.exofmessage.util.MessageUtil;
import java.util.Date;
import java.util.Map;
import javax.servlet.http.HttpServletRequest;
public class CoreService {
 public static String processRequest(HttpServletRequest request) {
       String respXml = null;
       String respContent = "";
       try {
            Map<String, String> requestMap = MessageUtil.parseXml(request);
            String fromUserName = requestMap.get("FromUserName");
            String toUserName = requestMap.get("ToUserName");
            String msgType = requestMap.get("MsgType");
            TextMessage textMessage = new TextMessage();
            textMessage.setToUserName(fromUserName);
            textMessage.setFromUserName(toUserName);
            textMessage.setCreateTime(new Date().getTime());
            textMessage.setMsgType("text");
            switch(msgType) {
                 case "text":
                      respContent = "您发送的是文本消息!";
                      break;
                 case "image":
                      respContent = "您发送的是图片消息!";
                      break;
                 case "voice":
                      respContent = "您发送的是语音消息!";
                      break;
                 case "video":
                      respContent = "您发送的是视频消息!";
                      break;
                 case "location":
                      respContent = "您发送的是地理位置消息!";
                      break;
                 case "link":
                      respContent = "您发送的是链接消息!";
                      break;
                      //对事件类型暂不予考虑
                 default:
                      break;
            }
            textMessage.setContent(respContent);
            respXml = MessageUtil.messageToXml(textMessage);
       } catch (Exception e) {
            e.printStackTrace();
       }
       return respXml;
 }
}
```

4.3.6 创建类 ExOfMessageController

在包 edu.bookcode.exofmessage 中创建 controller 子包，并在包 edu.bookcode.exofmessage.controller 中创建类 ExOfMessageController，代码如例 4-46 所示。

【例 4-46】 类 ExOfMessageController 的代码示例。

```
package edu.bookcode.exofmessage.controller;
import edu.bookcode.exofmessage.service.CoreService;
import edu.bookcode.exofmessage.util.SignUtil;
import org.springframework.web.bind.annotation.RequestMapping;
import org.springframework.web.bind.annotation.RestController;
import java.io.IOException;
import java.io.PrintWriter;
import javax.servlet.ServletException;
import javax.servlet.http.HttpServletRequest;
import javax.servlet.http.HttpServletResponse;
@RestController
public class ExOfMessageController {
  //下面一行是运行本类时的相对地址
  @RequestMapping("/")
    //为了测试方便,在运行其他类时,必须注释掉上一行代码,即修改相对地址
    //并可以去掉下一行代码的注释,修改本类的相对地址
    //@RequestMapping("/testExampleOfMessage")
public void testExampleOfMessage(HttpServletRequest request, HttpServletResponse response)
throws ServletException, IOException {
    request.setCharacterEncoding("UTF-8");
    response.setCharacterEncoding("UTF-8");
    String signature = request.getParameter("signature");
    String timestamp = request.getParameter("timestamp");
    String nonce = request.getParameter("nonce");
    PrintWriter out = response.getWriter();
    if (SignUtil.checkSignature(signature, timestamp, nonce)) {
        String respXml = CoreService.processRequest(request);
        out.print(respXml);
    }
    out.close();
}
}
```

4.3.7 运行程序

启动内网穿透工具后，按照例 4-23 中注释给出的提示修改 ReceiveMessageController 的相对地址，并再次在 IDEA 中运行项目入口类 WxgzptkfbookApplication。

在手机端的微信公众号中输入文本、图片、语音、视频、地理位置、链接等消息，手机上返回的结果(均为文本消息)如图 4-3 和图 4-4 所示(上下屏滑动显示)。

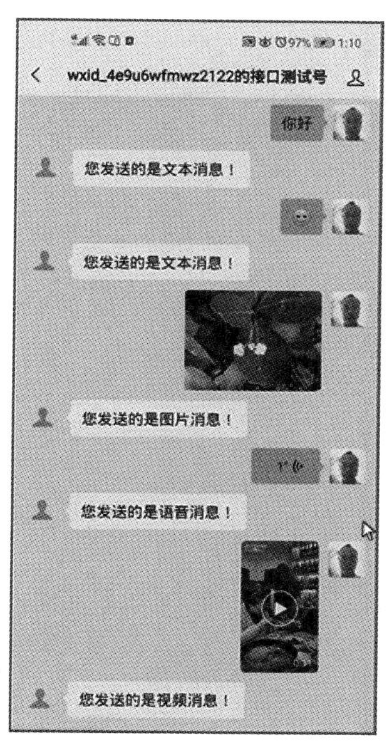

图 4-3　在手机端的微信公众号中接收文本、图片、语音、视频等消息并被动回复这些消息的输出结果

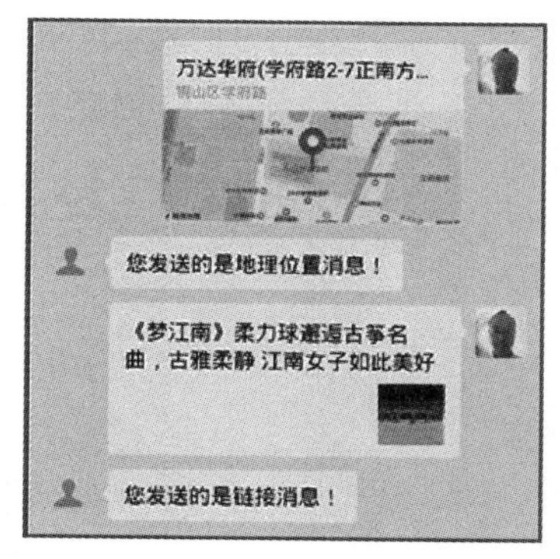

图 4-4　在手机端的微信公众号中接收并回复地理位置、链接等消息并被动回复这些消息的输出结果

4.3.8　示例说明

4.2 节和 4.3 节示例实现的功能类似，但是编码实现存在着差异。首先，对不同类型消息的封装采用了不同的方法(不完全相同)。其次，对消息(XML 格式的数据)的处理也采用了不同的方法，示例 1 中采用的是直接对 XML 数据进行封装、操作的方法，而 4.3 节示例中利用了用已有的开源框架 Dom4j 和 XStream(假如之前没有在文件 pom.xml 增加对它们的依赖就需要添加依赖)来实现对 XML 的处理。

通过对比，可以发现微信公众平台应用开发中基于规范的开发只要满足规范要求，开发(编码实现)就有较大的自由度。

习题 4

简答题

1. 简述公众号接收来自用户的普通消息类型。
2. 简述公众号接收来自用户的普通消息并被动回复消息的原则。

3. 简述公众号被动回复消息的类型。
4. 简述不同类型接收消息的规范。
5. 简述不同类型被动回复消息的规范。

实验题

1. 实现示例：收到消息后进行简单回复。
2. 实现示例：收到消息后根据情况进行回复。
3. 独立完成一个实例，实现对消息的接收和被动回复。

第5章

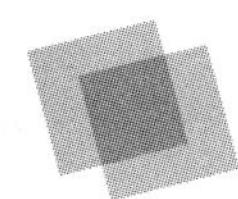

菜单和事件的应用开发

本章主要介绍自定义菜单和个性化菜单的要求、接口，以及如何通过这些接口实现自定义菜单。

5.1 说明

5.1.1 自定义菜单的要求

自定义菜单（使用普通自定义菜单创建接口创建的菜单称为默认菜单）能够丰富界面，让用户更好、更快地理解公众号的功能。自定义菜单最多包括 3 个一级菜单，每个一级菜单最多包含 5 个二级菜单。一级菜单最多 5 个汉字，二级菜单最多 8 个汉字，多出来的部分将会以“...”代替。

如果菜单有更新，就会刷新客户端的菜单。测试时可以尝试取消关注公众号后再次关注，则可以看到创建后的新菜单效果。

5.1.2 自定义菜单的按钮类型

自定义菜单接口可实现多种类型按钮。按钮类型和用户单击按钮后微信的反应如表 5-1 所示。

表 5-1 中第 4 行（scancode_push）到第 9 行（location_select）（第 1 列）的所有事件，仅支持微信 iPhone 5.4.1 以上版本和 Android 5.4 以上版本的微信用户。第 10 行和第 11 行（第 1 列）是专门给第三方平台旗下未微信认证的订阅号准备的事件类型，它们是没有事件推送的，能力相对受限。

表 5-1　按钮类型和用户单击按钮后微信的反应

类　型	用户单击按钮后微信的反应
click	通过消息接口推送消息类型为 event 的结构
view	打开在按钮中填写的网页 URL
scancode_push	将调起扫一扫工具，完成扫码操作后显示扫描结果（如果是 URL，将进入 URL）
scancode_waitmsg	将调起扫一扫工具，完成扫码操作后，回传扫码的结果，同时收起扫一扫工具，然后弹出“消息接收中”提示框
pic_sysphoto	将调起系统相机，完成拍照操作后，回传拍摄的相片，同时收起系统相机
pic_photo_or_album	文本消息将弹出选择器供用户选择“拍照”或者“从手机相册选择”
pic_weixin	将调起微信相册，完成选择操作后，将选择的相片发送给开发者的服务器，同时收起相册
location_select	将调起地理位置选择工具，完成选择操作后，将选择的地理位置发送给开发者的服务器，同时收起位置选择工具
media_id	将开发者填写的永久素材 id 下发给用户，草稿接口灰度完成后，用 article_id 代替它
view_limited	将打开在按钮中填写的永久素材 id 对应的图文消息 URL，草稿接口灰度完成后，用 article_view_limited 代替它

5.1.3　自定义菜单的接口

创建自定义菜单的接口 URL 为 https://api. weixin. qq. com/cgi-bin/menu/create?access_token=ACCESS_TOKEN。

可以使用接口查询自定义菜单的结构。在设置个性化菜单后，使用查询接口可以获取默认菜单和全部个性化菜单信息。查询接口的 URL 为 https://api. weixin. qq. com/cgi-bin/get_current_selfmenu_info?access_token=ACCESS_TOKEN。

创建自定义菜单后，还可以删除当前使用的自定义菜单。在设置个性化菜单后，调用删除接口会删除默认菜单及全部个性化菜单。删除接口的 URL 为 https://api. weixin. qq. com/cgi-bin/menu/delete?access_token=ACCESS_TOKEN。

5.1.4　个性化菜单接口

为了帮助公众号实现灵活的业务运营，微信公众平台提供了个性化菜单接口，通过该接口，可以让公众号的不同用户群体看到不一样的自定义菜单。可以通过用户标签、用户性别、用户手机操作系统、用户客户端设置的地区和语言等条件来设置用户看到的菜单。

创建个性化菜单之前必须先创建默认菜单。个性化菜单的更新是会被覆盖的。例如公众号先后发布了默认菜单、个性化菜单 1、个性化菜单 2 和个性化菜单 3。那么当用户进入公众号页面时，将从个性化菜单 3 开始匹配，如果个性化菜单 3 匹配成功，则直接返回个性化菜单 3，否则继续尝试匹配个性化菜单 2，直到成功匹配到一个菜单。创建个性化菜单的接口 URL 为 https://api. weixin. qq. com/cgi-bin/menu/addconditional?access_token=ACCESS_TOKEN。

5.2 自定义菜单的应用开发

5.2.1 创建自定义菜单项类

继续在 4.3 节的基础上进行开发。在包 edu. bookcode 中创建 exofmenu 子包,并在包 edu. bookcode. exofmenu 中创建 menu 子包,在包 edu. bookcode. exofmenu. menu 中创建类 Button,代码如例 5-1 所示。

视频讲解

【例 5-1】 类 Button 的代码示例。

```
package edu.bookcode.exofmenu.menu;
import lombok.Data;
@Data
public class Button {
 private String name;
}
```

在包 edu. bookcode. exofmenu. menu 中创建类 ClickButton,代码如例 5-2 所示。

【例 5-2】 类 ClickButton 的代码示例。

```
package edu.bookcode.exofmenu.menu;
import lombok.Data;
@Data
public class ClickButton extends Button {
 private String type;
 private String key;
}
```

在包 edu. bookcode. exofmenu. menu 中创建类 ViewButton,代码如例 5-3 所示。

【例 5-3】 类 ViewButton 的代码示例。

```
package edu.bookcode.exofmenu.menu;
import lombok.Data;
@Data
public class ViewButton extends Button {
 private String type;
 private String url;
}
```

在包 edu. bookcode. exofmenu. menu 中创建类 ScancodeButton,代码如例 5-4 所示。

【例 5-4】 类 ScancodeButton 的代码示例。

```
package edu.bookcode.exofmenu.menu;
import lombok.Data;
@Data
public class ScancodeButton extends Button {
 private String type;
 private String key;
}
```

在包 edu. bookcode. exofmenu. menu 中创建类 PicButton，代码如例 5-5 所示。

【例 5-5】 类 PicButton 的代码示例。

```
package edu.bookcode.exofmenu.menu;
import lombok.Data;
@Data
public class PicButton extends Button {
 private String type;
 private String key;
}
```

在包 edu. bookcode. exofmenu. menu 中创建类 LocationButton，代码如例 5-6 所示。

【例 5-6】 类 LocationButton 的代码示例。

```
package edu.bookcode.exofmenu.menu;
import lombok.Data;
@Data
public class LocationButton extends Button {
 private String type;
 private String key;
}
```

在包 edu. bookcode. exofmenu. menu 中创建类 ComplexButton，代码如例 5-7 所示。

【例 5-7】 类 ComplexButton 的代码示例。

```
package edu.bookcode.exofmenu.menu;
import lombok.Data;
@Data
public class ComplexButton extends Button {
 private Button[] sub_button;
}
```

在包 edu. bookcode. exofmenu. menu 中创建类 Menu，代码如例 5-8 所示。

【例 5-8】 类 Menu 的代码示例。

```
package edu.bookcode.exofmenu.menu;
import lombok.Data;
@Data
public class Menu {
 private Button[] button;
}
```

5.2.2 创建类 TextMessageToXML

在包 edu. bookcode. exofmenu 中创建 util 子包，在包 edu. bookcode. exofmenu. util 中创建类 TextMessageToXML，代码如例 5-9 所示。

【例 5-9】 类 TextMessageToXML 的代码示例。

```
package edu.bookcode.exofmenu.util;
//导入前面的类,也可以将前面的类复制到包 edu.bookcode.exofmenu 中
```

```
import edu.bookcode.exofmessage.message.resp.Article;
import edu.bookcode.exofmessage.message.resp.NewsMessage;
import edu.bookcode.exofmessage.message.resp.TextMessage;
import java.util.Date;
import java.util.List;
import java.util.Map;
public class TextMessageToXML {
    public static String messageToXML(Map<String, String> message,String content){
        TextMessage textMessage = new TextMessage();
        textMessage.setToUserName(message.get("ToUserName"));
        textMessage.setFromUserName(message.get("FromUserName"));
        textMessage.setCreateTime(new Date().getTime());
        textMessage.setContent(content);
        textMessage.setMsgType("text");
        String xml = textMessageToXML(textMessage);
        return xml;
    }
    private static String textMessageToXML(TextMessage textMessage) {
        String xml = "<xml>" +
                "<ToUserName>" + textMessage.getFromUserName() + "</ToUserName>" +
                "<FromUserName>" + textMessage.getToUserName() + "</FromUserName>" +
                "<CreateTime>" + textMessage.getCreateTime() + "</CreateTime>" +
                "<MsgType>text</MsgType>" +
                "<Content>" + textMessage.getContent() + "</Content>" +
                "</xml>";
        return xml;
    }
    public static String newsToXML(Map<String, String> message, List<Article> articleList )
{
        NewsMessage newsMessage = new NewsMessage();
        newsMessage.setToUserName(message.get("ToUserName"));
        newsMessage.setFromUserName(message.get("FromUserName"));
        newsMessage.setCreateTime(new Date().getTime());
        newsMessage.setMsgType("news");
        newsMessage.setArticleCount(articleList.size());
        newsMessage.setArticles(articleList);
        String xml = newsMessageToXML(newsMessage);
        return xml;
    }
    private static String newsMessageToXML(NewsMessage newsMessage) {
        String xml = "<xml>" +
                "<ToUserName>" + newsMessage.getFromUserName() + "</ToUserName>" +
                "<FromUserName>" + newsMessage.getToUserName() + "</FromUserName>" +
                "<CreateTime>" + newsMessage.getCreateTime() + "</CreateTime>" +
                "<MsgType>news</MsgType>" +
                "<ArticleCount>1</ArticleCount>" +
                "  <Articles>" +
                "    <item>" +
                "      <Title>" + newsMessage.getArticles().get(0).getTitle() + "</Title>" +
                "      <Description>" + newsMessage.getArticles().get(0).getDescription() +
                    "</Description>" +
```

```
                        "       <PicUrl>" + newsMessage.getArticles().get(0).getPicUrl() +
                                "</PicUrl>" +
                        "       <Url>" + newsMessage.getArticles().get(0).getUrl() + "</Url>" +
                        "   </item>" +
                        "   </Articles>" +
                        "</xml>";
        return xml;
    }
    public static String processScanPush(String fromUserName,String toUserName) {
        String xml = "<xml>" +
                        "<ToUserName>" + fromUserName + "</ToUserName>" +
                        "<FromUserName>" + toUserName + "</FromUserName>" +
                        "<CreateTime>" + new Date().getTime() + "</CreateTime>" +
                        "<MsgType>event</MsgType>" +
                        "<Event>scancode_push</Event>" +
                        "<EventKey>rselfmenu22</EventKey>" +
                        "<ScanCodeInfo>" +
                        "<ScanType>qrcode</ScanType>" +
                        "<ScanResult>1</ScanResult>" +
                        "</ScanCodeInfo>" +
                        "</xml>";
        return xml;
    }
    public static String processScanWaitMsg(String fromUserName, String toUserName) {
        String xml = "<xml>" +
                        "<ToUserName>" + fromUserName + "</ToUserName>" +
                        "<FromUserName>" + toUserName + "</FromUserName>" +
                        "<CreateTime>" + new Date().getTime() + "</CreateTime>" +
                        "<MsgType>event</MsgType>" +
                        "<Event>scancode_waitmsg</Event>" +
                        "<EventKey>rselfmenu21</EventKey>" +
                        "<ScanCodeInfo>" +
                        "<ScanType>qrcode</ScanType>" +
                        "<ScanResult>1</ScanResult>" +
                        "</ScanCodeInfo>" +
                        "</xml>";
        return xml;
    }
    public static String processSysphoto(String fromUserName, String toUserName) {
        String xml = "<xml>" +
                        "<ToUserName>" + fromUserName + "</ToUserName>" +
                        "<FromUserName>" + toUserName + "</FromUserName>" +
                        "<CreateTime>" + new Date().getTime() + "</CreateTime>" +
                        "<MsgType>event</MsgType>" +
                        "<Event>pic_sysphoto</Event>" +
                        "<EventKey>6</EventKey>" +
                        "<SendPicsInfo><Count>1</Count>" +
                        "<PicList><item><PicMd5Sum>1b5f7c23b5bf75682a53e7b6d163e185" +
                        "</PicMd5Sum>\n" +
                        "</item>\n" +
                        "</PicList>\n" +
```

```
                "</SendPicsInfo>" +
                "</xml>";
    return xml;
}
public static String processPhotoOrAlbum(String fromUserName, String toUserName) {
    String xml = "<xml>" +
                "<ToUserName>" + fromUserName + "</ToUserName>" +
                "<FromUserName>" + toUserName + "</FromUserName>" +
                "<CreateTime>" + new Date().getTime() + "</CreateTime>" +
                "<MsgType>event</MsgType>" +
                "<Event>pic_photo_or_album</Event>" +
                "<EventKey>rselfmenu24</EventKey>" +
                "<SendPicsInfo><Count>1</Count>" +
                "<PicList><item><PicMd5Sum>5a75aaca956d97be686719218f275c6b" +
                "</PicMd5Sum>\n" +
                "</item>\n" +
                "</PicList>\n" +
                "</SendPicsInfo>" +
                "</xml>";
    return xml;
}
public static String processPicWeiXin(String fromUserName, String toUserName) {
    String xml = "<xml>" +
                "<ToUserName>" + fromUserName + "</ToUserName>" +
                "<FromUserName>" + toUserName + "</FromUserName>" +
                "<CreateTime>" + new Date().getTime() + "</CreateTime>" +
                "<MsgType>event</MsgType>" +
                "<Event>pic_weixin</Event>" +
                "<EventKey>rselfmenu25</EventKey>" +
                "<SendPicsInfo><Count>1</Count>" +
                "<PicList><item><PicMd5Sum>5a75aaca956d97be686719218f275c6b" +
                "</PicMd5Sum>\n" +
                "</item>\n" +
                "</PicList>\n" +
                "</SendPicsInfo>" +
                "</xml>";
    return xml;
}
public static String processLocation(String fromUserName, String toUserName) {
    String xml = "<xml>" +
                "<ToUserName>" + fromUserName + "</ToUserName>" +
                "<FromUserName>" + toUserName + "</FromUserName>" +
                "<CreateTime>" + new Date().getTime() + "</CreateTime>" +
                "<MsgType>event</MsgType>" +
                "<Event>location_select</Event>" +
                "<EventKey>rselfmenu26</EventKey>" +
                "<SendLocationInfo><Location_X>23</Location_X>\n" +
                "<Location_Y>113</Location_Y>\n" +
                "<Scale>15</Scale>\n" +
                "<Label>广州市海珠区客村艺苑路 106 号</Label>\n" +
                "<Poiname></Poiname>\n" +
```

```
                "</SendLocationInfo>" +
                "</xml>";
        return xml;
    }
}
```

5.2.3 创建类 MenuUtil

在包 edu.bookcode.exofmenu.util 中创建类 MenuUtil，代码如例 5-10 所示。

【例 5-10】 类 MenuUtil 的代码示例。

```
package edu.bookcode.exofmenu.util;
import edu.bookcode.exofmenu.menu.Menu;
import edu.bookcode.service.CommonUtil; //导入
import net.sf.json.JSONObject;
public class MenuUtil {
//创建、查询、删除相关 API 的 URL
public final static String menu_create_url = "https://api.weixin.qq.com/cgi-bin/menu/create?access_token=ACCESS_TOKEN";
public final static String menu_get_url = "https://api.weixin.qq.com/cgi-bin/menu/get?access_token=ACCESS_TOKEN";
public final static String menu_delete_url = "https://api.weixin.qq.com/cgi-bin/menu/delete?access_token=ACCESS_TOKEN";
//创建自定义菜单
public static boolean createMenu(Menu menu, String accessToken) {
    boolean result = false;
    String url = menu_create_url.replace("ACCESS_TOKEN", accessToken);
    String jsonMenu = JSONObject.fromObject(menu).toString();
    JSONObject jsonObject = CommonUtil.httpsRequest(url, "POST", jsonMenu);
    if (null != jsonObject) {
        int errorCode = jsonObject.getInt("errcode");
        if (0 == errorCode) {
            result = true;
        } else {
            result = false;
System.out.println("errcode:{" + jsonObject.getInt("errcode") + "},errmsg:{" + jsonObject.getString("errmsg") + "}");
        }
    }
    return result;
}
//查询菜单信息
public static String getMenu(String accessToken) {
    String result = null;
    String requestUrl = menu_get_url.replace("ACCESS_TOKEN", accessToken);
    JSONObject jsonObject = CommonUtil.httpsRequest(requestUrl, "GET", null);
    if (null != jsonObject) {
        result = jsonObject.toString();
    }
```

```
        return result;
    }
    //删除菜单
    public static boolean deleteMenu(String accessToken) {
        boolean result = false;
        String requestUrl = menu_delete_url.replace("ACCESS_TOKEN", accessToken);
        JSONObject jsonObject = CommonUtil.httpsRequest(requestUrl, "GET", null);
        if (null != jsonObject) {
            int errorCode = jsonObject.getInt("errcode");
            if (0 == errorCode) {
                result = true;
            } else {
                result = false;
System.out.println("errcode:{" + jsonObject.getInt("errcode") + "},errmsg:{" + jsonObject.
getString("errmsg") + "}");
            }
        }
        return result;
    }
}
```

5.2.4 创建类 ButtonMenuService

在包 edu.bookcode.exofmenu 中创建 service 子包，在包 edu.bookcode.exofmenu.service 中创建类 ButtonMenuService，代码如例 5-11 所示。

【例 5-11】 类 ButtonMenuService 的代码示例。

```
package edu.bookcode.exofmenu.service;
import java.util.*;
import javax.servlet.http.HttpServletRequest;
import edu.bookcode.exofmenu.util.TextMessageToXML;
//导入前面的类,也可以将前面的类复制到包 edu.bookcode.exofmenu 中
import edu.bookcode.exofmessage.message.resp.Article;
import edu.bookcode.exofmessage.util.MessageUtil;
public class ButtonMenuService {
 public static String processRequest(HttpServletRequest request) {
            String xml;
        try {
             Map< String, String > requestMap = MessageUtil.parseXml(request);
              String msgType = requestMap.get("MsgType");
              String fromUserName = requestMap.get("FromUserName");
              String toUserName = requestMap.get("ToUserName");
              String content = "";
            String eventKey;
            if (msgType.equals("event")) {
                String eventType = requestMap.get("Event").toLowerCase();
                switch (eventType) {
                    case "subscribe":
                        content = "谢谢您的关注!";
```

```
                    break;
                case "unsubscribe":
                    //取消关注后,用户不会再收到公众号发送的消息,因此不需要回复
                    break;
                    //扫码后会开始接收推送消息(官方文档中将其简称为扫码堆事件)的
                    //事件推送
                case "scancode_push":
                    xml = TextMessageToXML.processScanPush(fromUserName,toUserName);
                    return xml;
                //扫码带提示的事件推送
                case "scancode_waitmsg":
                    xml = TextMessageToXML.processScanWaitMsg(fromUserName,toUserName);
                    return xml;
                case "pic_sysphoto":
                    xml = TextMessageToXML.processSysphoto(fromUserName,toUserName);
                    return xml;
                case "pic_photo_or_album":
                    xml = TextMessageToXML.processPhotoOrAlbum(fromUserName,toUserName);
                    return xml;
                case "pic_weixin":
                    xml = TextMessageToXML.processPicWeiXin(fromUserName,toUserName);
                    return xml;
                  //此例省略了 location_select 等情形,读者可以参考完成
                case "click":
                    eventKey = requestMap.get("EventKey");
                    //根据 key 值判断用户单击的按钮
                    if (eventKey.equals("QQ")) {
                        Article article = new Article();
                        article.setTitle("QQ 的联系方式");
                        article.setDescription("QQ 不一定能及时回复.");
                        article.setPicUrl("");
                        article.setUrl("http://qq.com");
                        List<Article> articleList = new ArrayList<Article>();
                        articleList.add(article);
                        //创建图文消息
                        xml = TextMessageToXML.newsToXML(requestMap,articleList);
                        return xml;
                    } else if (eventKey.equals("WeiXin")) {
                        content = "微信号:jsnuws";
                    } else if (eventKey.equals("Phone")) {
                        content = "手机号:12345678901";
                    } else if (eventKey.equals("Email")) {
                        content = "邮箱:6780912345@qq.com";
                    }
                    break;
                default:
                    break;
            }
        }
xml = TextMessageToXML.messageToXML(requestMap,content);
return xml;
```

```
            } catch (Exception e) {
            e.printStackTrace();
        }
        return "error";
    }
}
```

5.2.5 创建类 MenuInit

在包 edu.bookcode.exofmenu 中创建类 MenuInit，该类主要定义了菜单信息，代码如例 5-12 所示。

【例 5-12】 类 MenuInit 的代码示例。

```
package edu.bookcode.exofmenu;
import edu.bookcode.exofmenu.menu.*;
import edu.bookcode.exofmenu.util.MenuUtil;
import edu.bookcode.service.TemptTokenUtil;
public class MenuInit {
//注意菜单项层级、子项、命名等规定的限制
    public  static Menu getMenu() {
        //第 1 列子菜单中第 1 项子菜单项
        ViewButton btn11 = new ViewButton();
        btn11.setName("微信小程序开发基础");
        btn11.setType("view");
        btn11.setUrl("https://item.jd.com/10026528815782.html");
        //第 1 列子菜单中第 2 项子菜单项
        ViewButton btn12 = new ViewButton();
        btn12.setName("微信小程序云开发");
        btn12.setType("view");
        btn12.setUrl("https://item.jd.com/12958844.html");
        ViewButton btn13 = new ViewButton();
        btn13.setName("Spring Boot 区块链应用开发入门");
        btn13.setType("view");
        btn13.setUrl("https://item.jd.com/12735489.html");
        ViewButton btn14 = new ViewButton();
        btn14.setName("Spring Boot 开发实战");
        btn14.setType("view");
        btn14.setUrl("https://item.jd.com/10026542588356.html");
        ViewButton btn15 = new ViewButton();
        btn15.setName("Spring Cloud 微服务开发实战");
        btn15.setType("view");
        btn15.setUrl("https://item.jd.com/10026550550811.html");
        ScancodeButton btn21 = new ScancodeButton();
        btn21.setName("扫码带提示");
        btn21.setType("scancode_waitmsg");
        btn21.setKey("rselfmenu21");
        ScancodeButton btn22 = new ScancodeButton();
        btn22.setName("扫码推事件");
        btn22.setType("scancode_push");
```

```
        btn22.setKey("rselfmenu22");
        PicButton btn23 = new PicButton();
        btn23.setName("系统拍照发图");
        btn23.setType("pic_sysphoto");
        btn23.setKey("rselfmenu23");
        PicButton btn24 = new PicButton();
        btn24.setName("拍照或者相册发图");
        btn24.setType("pic_photo_or_album");
        btn24.setKey("rselfmenu24");
        PicButton btn25 = new PicButton();
        btn25.setName("微信相册发图");
        btn25.setType("pic_weixin");
        btn25.setKey("rselfmenu25");
        ClickButton btn31 = new ClickButton();
        btn31.setName("QQ");
        btn31.setType("click");
        btn31.setKey("QQ");
        ClickButton btn32 = new ClickButton();
        btn32.setName("WeiXin");
        btn32.setType("click");
        btn32.setKey("WeiXin");
        ClickButton btn33 = new ClickButton();
        btn33.setName("Phone");
        btn33.setType("click");
        btn33.setKey("Phone");
        ClickButton btn34 = new ClickButton();
        btn34.setName("Email");
        btn34.setType("click");
        btn34.setKey("Email");
        //第 1 列子菜单
        ComplexButton mainBtn1 = new ComplexButton();
        mainBtn1.setName("图书");
        mainBtn1.setSub_button(new Button[] { btn11, btn12, btn13, btn14, btn15});
        ComplexButton mainBtn2 = new ComplexButton();
        mainBtn2.setName("扫码和发图");
        mainBtn2.setSub_button(new Button[] { btn21, btn22, btn23, btn24, btn25 });
        ComplexButton mainBtn3 = new ComplexButton();
        mainBtn3.setName("联系方式");
        mainBtn3.setSub_button(new Button[] { btn31, btn32 , btn33, btn34 });
          Menu menu = new Menu();
        menu.setButton(new Button[] { mainBtn1, mainBtn2, mainBtn3 });
        return menu;
    }
    //使用 main 方法是为了简化测试的需要,实际开发时可以自动创建菜单
    public static void main(String[] args) {
    boolean result = MenuUtil.createMenu(getMenu(),new TemptTokenUtil().getTokenInfo());
    if (result)
                System.out.println("菜单创建成功!");
        else
                System.out.println("菜单创建失败!");
    }
}
```

5.2.6　创建类 ExOfMenuController

在包 edu.bookcode.exofmenu 中创建 controller 子包，在包 edu.bookcode.exofmenu.controller 中创建类 ExOfMenuController，代码如例 5-13 所示。

【例 5-13】 类 ExOfMenuController 的代码示例。

```
package edu.bookcode.exofmenu.controller;
import edu.bookcode.exofmenu.MenuInit;
import edu.bookcode.exofmenu.service.ButtonMenuService;
import edu.bookcode.exofmenu.util.MenuUtil;
//导入前面的类
import edu.bookcode.service.TemptTokenUtil;
import edu.bookcode.util.OutAndSendUtil;
import org.springframework.web.bind.annotation.RequestMapping;
import org.springframework.web.bind.annotation.RestController;
import java.io.IOException;
import javax.servlet.ServletException;
import javax.servlet.http.HttpServletRequest;
import javax.servlet.http.HttpServletResponse;
@RestController
public class ExOfMenuController {
    //下面一行是运行本类时的相对地址
    @RequestMapping("/")
    //为了测试方便,在运行其他类时,必须注释掉上一行代码,即修改相对地址
    //并可以去掉下一行代码的注释,修改本类的相对地址
    //@RequestMapping("/testMenu")
public void testMenu (HttpServletRequest request, HttpServletResponse response) throws
ServletException, IOException {
        request.setCharacterEncoding("UTF-8");
        response.setCharacterEncoding("UTF-8");
        String respXml = ButtonMenuService.processRequest(request);
        String xml = "";
        if(respXml.contains("<Content></Content>")) {
xml = respXml.replace("<Content></Content>","<Content>您好,有什么可以帮到您?</Content>");
          System.out.println(xml);
    } else {
          xml = respXml;
          System.out.println(xml);
    }
    OutAndSendUtil.sendMessageToWXAppClient(xml,response);
    //首次注释下一行,运行程序
    //menuProcess();
    //第 2 次、第 3 次取消注释,再运行程序
    //第 4 次取消下面两行注释
    //System.out.println("重新增加菜单后:" + new MyMenuExDemo().getSpecialMenuJson("2",
"Java"));
}
    //对菜单的创建、查询和删除
```

```
private void menuProcess() {
    String accessToken = new TemptTokenUtil().getTokenInfo();
    //显示菜单信息
    System.out.println("菜单信息:" + MenuUtil.getMenu(accessToken));
    //显示菜单删除,菜单为空
    System.out.println("删除菜单后:" + MenuUtil.deleteMenu(accessToken));
    //第 2 次运行时,注释掉下一行的语句,可以观察到删除菜单后菜单为空
    System.out.println("重新增加菜单后:" + MenuUtil.createMenu(MenuInit.getMenu(),accessToken));
    //第 3 次运行时,启用上一行的语句,可以观察到菜单再次出现
 }
}
```

5.2.7 运行程序

启动内网穿透工具后，按照例 4-46 中注释给出的提示修改 ExOfMessageController 的相对地址，并在 IDEA 中先运行类 MenuInit 再运行项目入口类 WxgzptkfbookApplication。

手机微信公众号中第 1 级菜单如图 5-1 所示，第 2 级菜单第 1 列如图 5-2 所示，第 2 级菜单第 2 列如图 5-3 所示，第 2 级菜单第 3 列如图 5-4 所示。单击图 5-2 中“Spring Cloud 微服务开发实战”菜单项，跳转到对应网址的图书页面，如图 5-5 所示。单击图 5-3 中“拍照或者相册发图”菜单项，结果如图 5-6 所示。依次单击图 5-4 中 QQ、WeiXin 菜单项，结果如图 5-7 所示。在图 5-6 中选择“拍照”或“从相册选择”后发送图片，结果如图 5-8 所示。

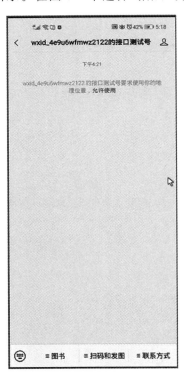

图 5-1　第 1 级菜单在手机微信公众号中的输出（底部）

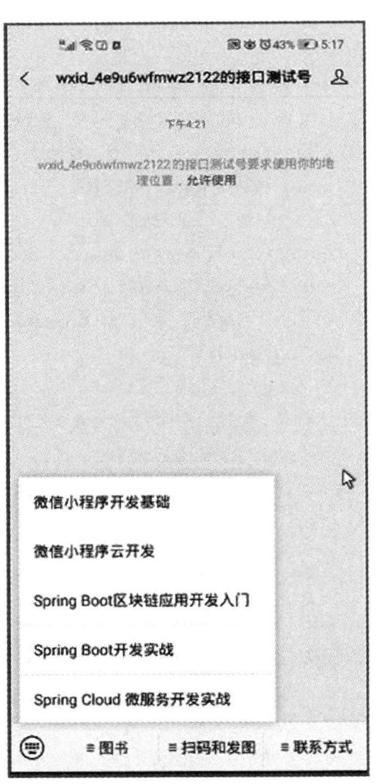

图 5-2　第 2 级菜单第 1 列（图书）在手机微信公众号中的输出

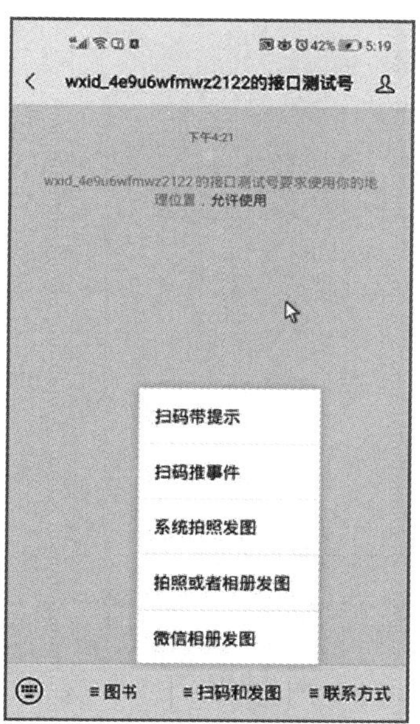

图 5-3　第 2 级菜单第 2 列(扫码和发图)在手机微信公众号中的输出

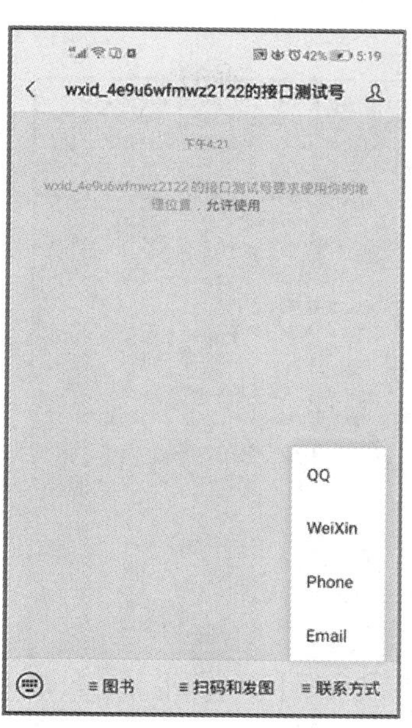

图 5-4　第 2 级菜单第 3 列(联系方式)在手机微信公众号中的输出

图 5-5　单击图 5-2 中“Spring Cloud 微服务开发实战”菜单项后跳转到对应网址的图书页面

图 5-6　单击图 5-3 中“拍照或者相册发图”菜单项的结果

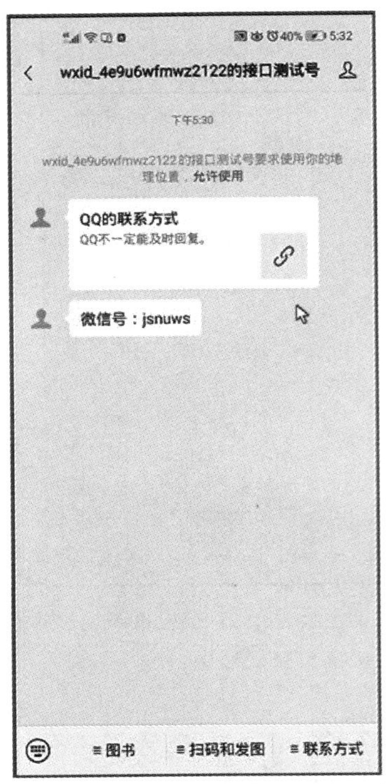

图 5-7 依次单击图 5-4 中 QQ、WeiXin 菜单项的结果

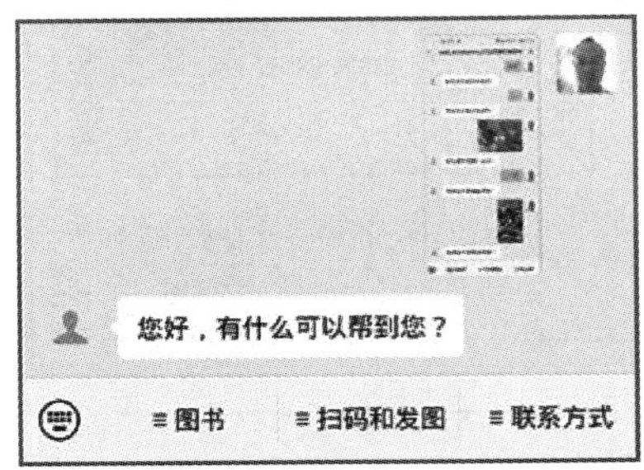

图 5-8 在图 5-6 中选择“拍照”或“从相册选择”后发送图片的结果（部分）

按照例 5-13 所示修改类 ExOfMenuController 的代码（修改注释，详细操作可以参考视频讲解），可以得到菜单信息在控制台的输出结果如图 5-9 所示，删除菜单之后控制台的输出结果如图 5-10 所示，增加菜单之后控制台的输出结果如图 5-11 所示。单击图 5-4 中 WeiXin 菜单项后控制台的输出结果如图 5-12 所示。


```
菜单信息：{"menu":{"button":[{"name":"图书","sub_button":[{"name":"微信小程序开发基础","sub_button":[],
"type":"view","url":"https://item.jd.com/10026528815782.html"},{"name":"微信小程序云开发",
"sub_button":[],"type":"view","url":"https://item.jd.com/12958844.html"},{"name":"Spring Boot区块链应
用开发入门","sub_button":[],"type":"view","url":"https://item.jd.com/12735489.html"},{"name":"Spring
Boot开发实战","sub_button":[],"type":"view","url":"https://item.jd.com/10026542588356.html"},
{"name":"Spring Cloud 微服务开发实战","sub_button":[],"type":"view","url":"https://item.jd.
com/10026550550811.html"}]},{"name":"扫码和发图","sub_button":[{"name":"扫码带提示","sub_button":[],
"type":"scancode_waitmsg","key":"rselfmenu21"},{"name":"扫码推事件","sub_button":[],
"type":"scancode_push","key":"rselfmenu22"},{"name":"系统拍照发图","sub_button":[],
"type":"pic_sysphoto","key":"rselfmenu23"},{"name":"拍照或者相册发图","sub_button":[],
"type":"pic_photo_or_album","key":"rselfmenu24"},{"name":"微信相册发图","sub_button":[],
"type":"pic_weixin","key":"rselfmenu25"}]},{"name":"联系方式","sub_button":[{"name":"QQ",
"sub_button":[],"type":"click","key":"QQ"},{"name":"WeiXin","sub_button":[],"type":"click",
"key":"WeiXin"},{"name":"Phone","sub_button":[],"type":"click","key":"Phone"},{"name":"Email",
"sub_button":[],"type":"click","key":"Email"}]}]}}
```


图 5-9 菜单信息在控制台的输出结果（部分）

```
菜单信息：{"errcode":46003,"errmsg":"menu no exist rid: 60c46c9c-4036bb87-13b1c2a8"}
删除菜单后：true
```

图 5-10　删除菜单之后控制台的输出结果(部分)

```
菜单信息：{"errcode":46003,"errmsg":"menu no exist rid: 60c46e50-33550127-766e5533"}
删除菜单后：true
重新增加菜单后：true
```

图 5-11　增加菜单之后控制台的输出结果(部分)

```
<xml><ToUserName>obKWL6Q6awrcWSKz3LeSmcOYubfc</ToUserName><FromUserName>gh_0acb8bcc8eef</FromUserName
><CreateTime>1623491220734</CreateTime><MsgType>text</MsgType><Content>微信号：jsnuws</Content></xml>
菜单信息：{"errcode":46003,"errmsg":"menu no exist rid: 60c48296-38ebbf82-22201100"}
删除菜单后：true
重新增加菜单后：true
```

图 5-12　单击图 5-4 中 WeiXin 菜单项后控制台的输出结果

习题 5

简答题

1. 简述对自定义菜单要求的理解。
2. 简述对自定义菜单按钮类型的理解。

实验题

1. 实现示例：自定义菜单的应用开发。
2. 用自定义菜单独立完成一个实例。

第6章

模板消息等消息能力的应用开发

本章介绍模板消息、接口调用频次、获取公众号的自动回复规则、客服消息、语音消息识别和表情消息等应用开发。

6.1 说明

6.1.1 模板消息的基本规则

模板消息用来帮助公众号进行业务通知，是在模板内容中设定参数(参数必须以{{开头，且以.DATA}}结尾)并在调用时为这些参数赋值并发送的消息。模板消息仅用于向用户发送重要的服务通知，如信用卡刷卡通知等。不允许在用户没做任何操作或未经用户同意接收的前提下主动下发消息给用户，故障类和灾害警示警告类通知除外。模板内容与服务场景(含标题、关键词)不一致的模板消息，涉及红包、卡券、优惠券、代金券、会员卡等消息也不允许发送。

允许发的模板消息分类如下。

(1) 即时通知类消息：在用户触发某个事件活动后，即时推送一条模板消息给用户，并告知用户相应内容。

(2) 未即时通知类消息：如月账单类、故障类、灾害警示警告类等。

(3) 一般延时性通知：如审核结果类通知、退款结果类通知、投标结果类通知、订单受理结果类通知、反馈类通知等。

微信公众平台官方对模板的审核标准包括以下6点。

（1）符合上述允许发的模板消息里的各项要求。
（2）格式正确。
（3）标题、关键词不能带有品牌或公司名等没有行业通用性的内容。
（4）标题不能带标点或其他特殊符号。
（5）模板库中已存在类似的模板不通过。
（6）模板内容长度不能超过200个字符，且必须有至少10个固定文字或标点。

6.1.2　相关接口

修改账号所属行业的接口URL为https://api.weixin.qq.com/cgi-bin/template/api_set_industry?access_token=ACCESS_TOKEN。

获取账号所设置的行业信息的接口URL为https://api.weixin.qq.com/cgi-bin/template/get_industry?access_token=ACCESS_TOKEN。

获取模板ID的接口URL为https://api.weixin.qq.com/cgi-bin/template/api_add_template?access_token=ACCESS_TOKEN。

获取账号下所有模板信息的接口URL为https://api.weixin.qq.com/cgi-bin/template/get_all_private_template?access_token=ACCESS_TOKEN。

删除某账号下模板的接口URL为https://api.weixin.qq.com/cgi-bin/template/del_private_template?access_token=ACCESS_TOKEN。

发送模板消息的接口URL为https://api.weixin.qq.com/cgi-bin/message/template/send?access_token=ACCESS_TOKEN。

6.2　模板消息的应用开发

视频讲解

6.2.1　创建类UrlToOtherTypeUtil

继续在5.2节的基础上进行开发。在包edu.bookcode.service中创建类UrlToOtherTypeUtil，代码如例6-1所示。

【例6-1】 类UrlToOtherTypeUtil的代码示例。

```
package edu.bookcode.service;
import net.sf.json.JSONObject;
import java.io.*;
import java.net.HttpURLConnection;
import java.net.MalformedURLException;
import java.net.URL;
public class UrlToOtherTypeUtil {
 public static JSONObject postMethod(String postAPIUrl, String strToken, String jsonData) {
         String strPostAPIUrl = postAPIUrl.replace("ACCESS_TOKEN",strToken);
         JSONObject jsonObject = CommonUtil.httpsRequest(strPostAPIUrl, "POST",jsonData);
         return jsonObject;
     }
     public static String getMethod(String getAPIUrl, String strToken) {
```

```
            String strGetAPIUrl = getAPIUrl.replace("ACCESS_TOKEN",strToken);
            String stringResult = URLtoTokenUtil.getTemptURLToken(strGetAPIUrl);
            return stringResult;
        }
    public static File fetchTmpFile(String url, String type, String strToken){
        try {
            URL u = new URL(url);
            HttpURLConnection conn = (HttpURLConnection) u.openConnection();
            conn.setRequestMethod("POST");
            conn.connect();
            BufferedInputStream bis = new BufferedInputStream(conn.getInputStream());
            String content_disposition = conn.getHeaderField("content-disposition");
            String file_name = "";
            String[] content_arr = content_disposition.split(";");
            if(content_arr.length == 2){
                String tmp = content_arr[1];
                int index = tmp.indexOf("\"");
                file_name = tmp.substring(index + 1, tmp.length() - 1);
            }
            File file = new File(file_name);
            BufferedOutputStream bos = new BufferedOutputStream(new FileOutputStream(file));
            byte[] buf = new byte[2048];
            int length = bis.read(buf);
            while(length != -1){
                bos.write(buf, 0, length);
                length = bis.read(buf);
            }
            bos.close();
            bis.close();
            return file;
        } catch (MalformedURLException e) {
            e.printStackTrace();
        } catch (IOException e) {
            e.printStackTrace();
        }
        return null;
    }
}
```

6.2.2 创建类 TemplateMessageController

在包 edu.bookcode.controller 中创建类 TemplateMessageController，代码如例 6-2 所示。请读者可将例 6-2 代码中的模板 ID 修改成自己的模板 ID（如图 6-1 所示）。

【例 6-2】 类 TemplateMessageController 的代码示例。

```
package edu.bookcode.controller;
//导入前面的工具类
import edu.bookcode.service.CommonUtil;
import edu.bookcode.service.TemptTokenUtil;
import edu.bookcode.service.URLtoTokenUtil;
import edu.bookcode.service.UrlToOtherTypeUtil;
```

```
import net.sf.json.JSONObject;
import org.springframework.web.bind.annotation.RequestMapping;
import org.springframework.web.bind.annotation.RestController;
@RestController
public class TemplateMessageController {
    //下面一行是运行本类时的相对地址
    //@RequestMapping("/")
    //为了测试方便,在运行其他类时,必须注释掉上一行代码,即修改相对地址
    //并可以去掉下一行代码的注释,修改本类的相对地址
    //@RequestMapping("/testTemplateMessage")
    void  templateMessage() {
String strPostAPIUrl  =  "https://api.weixin.qq.com/cgi-bin/template/api_set_industry?access_token=ACCESS_TOKEN";
    String tokenString = new TemptTokenUtil().getTokenInfo();
    String requestUrl = strPostAPIUrl.replace("ACCESS_TOKEN", tokenString);
    String data = "{" +
                "\"industry_id1\":\"1\"," +
                "\"industry_id2\":\"4\"" +
                "}";
    JSONObject jsonObject = CommonUtil.httpsRequest(requestUrl, "POST", data);
    System.out.println("设置行业信息: " + jsonObject);
String strGetAPIUrl  =  "https://api.weixin.qq.com/cgi-bin/template/get_industry?access_token=ACCESS_TOKEN";
    String requestUrl2 = strGetAPIUrl.replace("ACCESS_TOKEN", tokenString);
    String jsonObject2 = URLtoTokenUtil.getTemptURLToken(requestUrl2);
    System.out.println("获得行业信息: " + jsonObject2);
strPostAPIUrl  =  "https://api.weixin.qq.com/cgi-bin/template/api_add_template?access_token=ACCESS_TOKEN";
    data = "{" +
"\"template_id_short\":\"cMogGA9x3o-Y_yWqCivEeCOWV084p2gyAJm7eXQXgPs\"" +
          "}";                  //修改成读者自己的 template_id_short 值
System.out.println("增加模板" + UrlToOtherTypeUtil.postMethod(strPostAPIUrl, tokenString, data));
strGetAPIUrl  =  "https://api.weixin.qq.com/cgi-bin/template/get_all_private_template?access_token=ACCESS_TOKEN";
    System.out.println("得到模板" + UrlToOtherTypeUtil.getMethod(strGetAPIUrl, tokenString));
    strPostAPIUrl  =  "https://api.weixin.qq.com/cgi-bin/template/del_private_template?access_token=ACCESS_TOKEN";
    data = "{" +
          "\"template_id\":\"TM0001\"" +
          "}";
System.out.println("删除模板: " + UrlToOtherTypeUtil.postMethod(strPostAPIUrl, tokenString, data));
strPostAPIUrl = "https://api.weixin.qq.com/cgi-bin/message/template/send?access_token=ACCESS_TOKEN";
        data = "{" +
          "\"touser\":\"obKWL6Q6awrcWSKz3LeSmcOYubfc\",\n" +
          "\"template_id\":\"xg99J2C-BN6QMYbqCt2Do5mP-JnHizZrybYTH_ZPcrg\",\n" +
          "\"url\":\"https://www.qq.com\",  \n" +
          "\"data\":{\n" +
          "\"to\": {\n" +
```

```
                "\"value\":\"尊敬的用户,你好!\",\n" +
                "\"color\":\"#173177\"\n" +
                "},\n" +
                "\"message\":{\n" +
                "\"value\":\"本公众号将推出课程"Spring Boot 开发实战"!\",\n" +
                "\"color\":\"#173177\"\n" +
                "}\n" +
                "}\n" +
                "}";
System.out.println("发送模板" + UrlToOtherTypeUtil.postMethod(strPostAPIUrl, tokenString,
data));
    data = "{" +
        "\"touser\":\"obKWL6Q6awrcWSKz3LeSmcOYubfc\",\n" +
        "\"template_id\":\"cMogGA9x3o-Y_yWqCivEeCOWV084p2gyAJm7eXQXgPs\",\n" +
        "\"url\":\"https://www.qq.com\",  \n" +
        "\"data\":{\n" +
        "\"first\": {\n" +
        "\"value\":\"亲爱的同学,你好!\",\n" +
        "\"color\":\"#173177\"\n" +
        "},\n" +
        "\"remark\":{\n" +
        "\"value\":\"上月福利已到达,请查收!\",\n" +
        "\"color\":\"#173177\"\n" +
        "}\n" +
        "}\n" +
        "}";
System.out.println("发送模板" + UrlToOtherTypeUtil.postMethod(strPostAPIUrl, tokenString,
data));
    }
}
```

6.2.3 运行程序之前的辅助工作

登录微信公众号管理后台,可以新增模板(由于是测试号,因此是测试模板),已有模板如图 6-1 所示。在没有增加模板之前,图 6-1 对应的模板为空(图 6-1 是新增 2 个模板之后的结果)。单击图 6-1 在"新增测试模板"按钮后,弹出如图 6-2 所示的对话框,可以按照规范填写模板标题和内容。

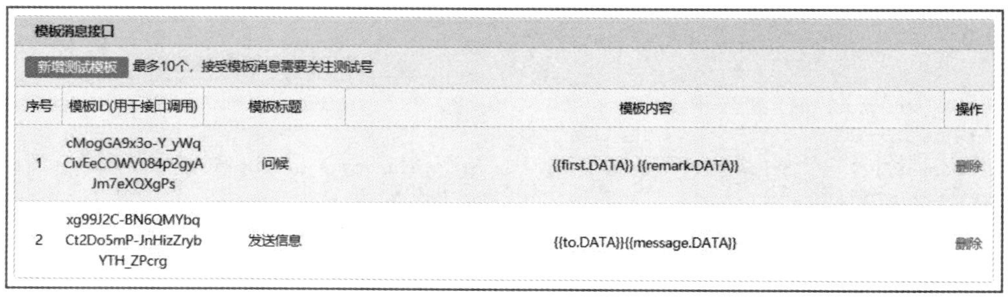

图 6-1 显示已有模板

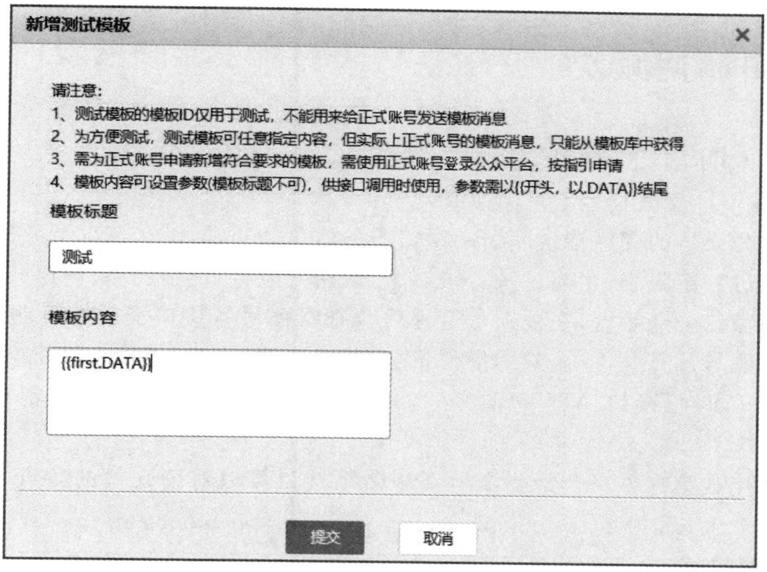

新增测试模板　×

请注意:
1、测试模板的模板ID仅用于测试，不能用来给正式账号发送模板消息
2、为方便测试，测试模板可任意指定内容，但实际上正式账号的模板消息，只能从模板库中获得
3、需为正式账号申请新增符合要求的模板，需使用正式账号登录公众平台，按指引申请
4、模板内容可设置参数(模板标题不可)，供接口调用时使用，参数需以{{开头，以.DATA}}结尾

模板标题

测试

模板内容

{{first.DATA}}

提交　取消

图 6-2　新增模板标题和内容

6.2.4　运行程序

启动内网穿透工具后，按照例 5-13 中注释给出的提示修改 ExOfMenuController 的相对地址，并再运行项目入口类 WxgzptkfbookApplication。

在手机微信公众号中输入文本(如“你好”)，公众号发送 2 条模板消息，如图 6-3 所示。

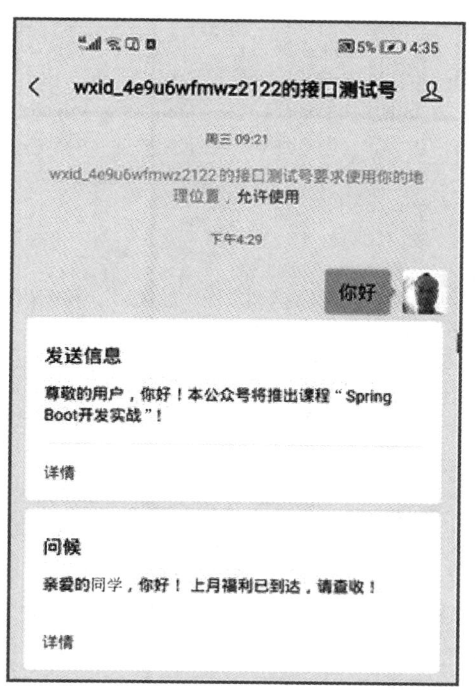

图 6-3　在手机微信公众号中输入文本后公众号发送 2 条模板消息

6.3 接口调用频次

6.3.1 说明

视频讲解

为了防止公众号的程序错误而引发微信服务器负载异常，默认情况下，每个公众号调用接口都不能超过一定限制，当超过一定限制时，调用对应接口会收到错误返回码。

可以登录微信公众平台，在公众号管理后台查看账号各接口当前的日调用上限和实时调用量。每个账号每月共 10 次清零操作机会，清零生效一次即用掉一次机会(10 次包括了平台上的清零和调用接口 API 的清零)。每个有接口调用限额的接口都可以进行清零操作。

公众号调用或第三方平台帮公众号调用清零接口可以对公众号的所有 API 调用次数进行清零。接口 URL 为 https://api.weixin.qq.com/cgi-bin/clear_quota?access_token=ACCESS_TOKEN。

6.3.2 创建类 ClearCountController

继续在 6.2 节的基础上进行开发。包 edu.bookcode.controller 中创建类 ClearCount-Controller，代码如例 6-3 所示。

【例 6-3】 类 ClearCountController 的代码示例。

```
package edu.bookcode.controller;
import edu.bookcode.service.CommonUtil;
import edu.bookcode.service.TemptTokenUtil;
import net.sf.json.JSONObject;
import org.springframework.web.bind.annotation.RequestMapping;
import org.springframework.web.bind.annotation.RestController;
@RestController
public class ClearCountController {
 //下面一行是运行本类时的相对地址
 @RequestMapping("/")
 //为了测试方便,在运行其他类时,必须注释掉上一行代码,即修改相对地址
 //并可以去掉下一行代码的注释,修改本类的相对地址
 //@RequestMapping("/testClearCount")
 void testClearCount(){
     String strPostAPIUrl = "https://api.weixin.qq.com/cgi-bin/clear_quota?access_token=
     ACCESS_TOKEN";
     String tokenString = new TemptTokenUtil().getTokenInfo();
     strPostAPIUrl = strPostAPIUrl.replace("ACCESS_TOKEN", tokenString);
     String data = "{\"appid\":\"AppID\"}";
     data = data.replace("AppID","wxd2f278459c83a8e2");        //需要修改成读者自己的 appID
     JSONObject jsonObject = CommonUtil.httpsRequest(strPostAPIUrl, "POST",data);
     System.out.println(jsonObject);
 }
}
```

6.3.3 运行程序

启动内网穿透工具后，按照例 6-2 中注释给出的提示修改 TemplateMessageController 的相对地址，并再次运行项目入口类 WxgzptkfbookApplication。

在工具 Postman 的 URL 中输入 http://localhost:8080/，选择 POST 方法成功运行程序后，控制台中的输出如图 6-4 所示。

```
{"errcode":0,"errmsg":"ok"}
```

图 6-4 控制台中的输出结果

6.4 获取公众号的自动回复规则

6.4.1 说明

可以通过接口获取公众号当前使用的自动回复规则，包括关注后自动回复、消息自动回复(60min 内触发一次)、关键词自动回复。接口 URL 为 https://api.weixin.qq.com/cgi-bin/get_current_autoreply_info?access_token=ACCESS_TOKEN。

6.4.2 创建类 GetGZHRuleController

继续在 6.3 节的基础上进行开发。在包 edu.bookcode.controller 中创建类 GetGZHRuleController，代码如例 6-4 所示。

【例 6-4】 类 GetGZHRuleController 的代码示例。

```
package edu.bookcode.controller;
import edu.bookcode.service.TemptTokenUtil;
import edu.bookcode.service.UrlToOtherTypeUtil;
import net.sf.json.JSONObject;
import org.springframework.web.bind.annotation.RequestMapping;
import org.springframework.web.bind.annotation.RestController;
@RestController
public class GetGZHRuleController {
    //下面一行是运行本类时的相对地址
    @RequestMapping("/")
    //为了测试方便，在运行其他类时，必须注释掉上一行代码，即修改相对地址
    //并可以去掉下一行代码的注释，修改本类的相对地址
    //@RequestMapping("/testGZHRule")
    void  getGZHRules() {
    String url = "https://api.weixin.qq.com/cgi-bin/get_current_autoreply_info?access_
    token = ACCESS_TOKEN";
      String token = new TemptTokenUtil().getTokenInfo();
      url = url.replace("ACCESS_TOKEN",token);
      JSONObject jsonObject  = new JSONObject(UrlToOtherTypeUtil.getMethod(url,token));
      System.out.println(jsonObject);
    }
}
```

6.4.3 运行程序

启动内网穿透工具后，按照例 6-3 中注释给出的提示修改 ClearCountController 的相对地址，并再次运行项目入口类 WxgzptkfbookApplication。

在工具 Postman 的 URL 中输入 http://localhost: 8080/，选择 POST 方法成功运行程序后，控制台中的输出如图 6-5 所示。

```
{"is_add_friend_reply_open":1,"is_autoreply_open":1,"createdTime":1637565628952}
```

图 6-5 控制台中的输出结果

视频讲解

6.5 客服消息

6.5.1 说明

当用户和公众号产生特定动作的交互(用户发送信息、关注公众号、扫描二维码等)时，可以在一段时间内调用客服接口。普通微信用户向公众号发消息时，微信服务器会先将消息 POST(发送)到公众号服务器(URL)上，如果希望将消息转发到客服系统，则需要在响应包中返回 MsgType 为 transfer_customer_service 的消息，微信服务器收到响应后会把当次发送的消息转发至客服系统。

用户被客服接入以后、客服关闭会话以前，处于会话过程中时，用户发送的消息均会被直接转发至客服系统。当会话超过 30min 并且客服系统没有关闭时，微信服务器会自动停止转发至客服系统，而将消息恢复发送至公众号服务器。用户在等待队列中时，用户发送的消息仍然会被推送至公众号服务器。

6.5.2 创建类 CustomerMessageUtil

继续在 6.4 节的基础上进行开发。在包 edu.bookcode.util 中创建类 CustomerMessageUtil，代码如例 6-5 所示。

【例 6-5】 类 CustomerMessageUtil 的代码示例。

```
package edu.bookcode.util;
import edu.bookcode.exofmessage.message.resp.Article;
import edu.bookcode.exofmessage.message.resp.Music;
import edu.bookcode.service.CommonUtil;
import net.sf.json.JSONArray;
import net.sf.json.JSONObject;
import java.util.List;
public class CustomerMessageUtil {
 //组装文本客服消息
 public static String makeTextCustomMessage(String openId, String content) {
```

```
        //对消息内容中的双引号进行转义
        content = content.replace("\"", "\\\"");
        String jsonMsg = "{\"touser\":\"%s\",\"msgtype\":\"text\",\"text\":{\"content\":
        \"%s\"}}";
        return String.format(jsonMsg, openId, content);
    }
    public static String makeImageCustomMessage(String openId, String mediaId) {
        String jsonMsg = "{\"touser\":\"%s\",\"msgtype\":\"image\",\"image\":{\"media_id
        \":\"%s\" }}";
        return String.format(jsonMsg, openId, mediaId);
    }
    public static String makeVoiceCustomMessage(String openId, String mediaId) {
        String jsonMsg = "{\"touser\":\"%s\",\"msgtype\":\"voice\",\"voice\":{\"media_id
        \":\"%s\"}}";
        return String.format(jsonMsg, openId, mediaId);
    }
    public static String makeVideoCustomMessage(String openId, String mediaId, String thumbMediaId) {
        String jsonMsg = "{\"touser\":\"%s\",\"msgtype\":\"video\",\"video\":{\"media_id
        \":\"%s\",\"thumb_media_id\":\"%s\"}}";
        return String.format(jsonMsg, openId, mediaId, thumbMediaId);
    }
    public static String makeMusicCustomMessage(String openId, Music music) {
        String jsonMsg = "{\"touser\":\"%s\",\"msgtype\":\"music\",\"music\":%s}";
        jsonMsg = String.format(jsonMsg, openId, JSONObject.fromObject(music).toString());
        jsonMsg = jsonMsg.replace("thumbmediaid", "thumb_media_id");
        return jsonMsg;
  }
    public static String makeNewsCustomMessage(String openId, List<Article> articleList) {
        String jsonMsg = "{\"touser\":\"%s\",\"msgtype\":\"news\",\"news\":{\"articles
        \":%s}}";
        jsonMsg = String.format(jsonMsg, openId, JSONArray.fromObject(articleList).toString().
        replaceAll("\"", "\\\""));
        jsonMsg = jsonMsg.replace("picUrl", "picurl");
        return jsonMsg;
    }
    //发送客服消息
    public static boolean sendCustomMessage(String accessToken, String jsonMsg) {
        System.out.println("消息内容:{" + jsonMsg + "}");
        boolean result = false;
        String requestUrl = "https://api.weixin.qq.com/cgi-bin/message/custom/send?access_
        token=ACCESS_TOKEN";
        requestUrl = requestUrl.replace("ACCESS_TOKEN", accessToken);
        JSONObject jsonObject = CommonUtil.httpsRequest(requestUrl, "POST", jsonMsg);
        if (null != jsonObject) {
            int errorCode = jsonObject.getInt("errcode");
            String errorMsg = jsonObject.getString("errmsg");
            if (0 == errorCode) {
                result = true;
System.out.println("客服消息发送成功 errcode:{" + errorCode + "} errmsg:{" + errorMsg + "}");
            } else {
System.out.println("客服消息发送失败 errcode:{" + errorCode + "} errmsg:{" + errorMsg + "}");
```

```
            }
        }
        return result;
    }
}
```

6.5.3 创建类 CustomerServiceController

在包 edu. bookcode. controller 中创建类 CustomerServiceController，代码如例 6-6 所示。

【例 6-6】 类 CustomerServiceController 的代码示例。

```
package edu.bookcode.controller;
import edu.bookcode.service.CommonUtil;
import edu.bookcode.service.TemptTokenUtil;
import edu.bookcode.util.CustomerMessageUtil;
import net.sf.json.JSONObject;
import org.springframework.web.bind.annotation.RequestMapping;
import org.springframework.web.bind.annotation.RestController;
import java.io.*;
import java.net.HttpURLConnection;
import java.net.URL;
import java.nio.charset.StandardCharsets;
@RestController
public class CustomerServiceController {
 String tokenString = new TemptTokenUtil().getTokenInfo();
 //下面一行是运行本类时的相对地址
 @RequestMapping("/")
 //为了测试方便,在运行其他类时,必须注释掉上一行代码,即修改相对地址
 //并可以去掉下一行代码的注释,修改本类的相对地址
 //@RequestMapping("/testCustomerService")
 void testCustomerService(){
    sendTextMessage(tokenString);
    sendImage(tokenString);
    sendNews(tokenString);
    sendMusic(tokenString);
    sendVoice(tokenString);
    testSendTextMessage(tokenString);
 }
 private void sendVoice(String tokenString) {
String url = "https://api.weixin.qq.com/cgi-bin/message/custom/send?access_token=ACCESS_
TOKEN";
    String data = "{\n" +
                "    \"touser\":\"OPENID\",\n" +
                "    \"msgtype\":\"voice\",\n" +
                "    \"voice\":\n" +
                "    {\n" +
                "      \"media_id\":\"MEDIA_ID\"\n" +
                "    }\n" +
```

```
                "}";
    data = data.replace("OPENID","obKWL6Q6awrcWSKz3LeSmcOYubfc");
    url = url.replace("ACCESS_TOKEN", tokenString);
    String thumbMediaId = musicResources(tokenString);
    data = data.replace("MEDIA_ID",thumbMediaId);
    JSONObject jsonObject = CommonUtil.httpsRequest(url, "POST",data);
    System.out.println("客服接口发语音消息：" + jsonObject);
}
private void sendMusic(String tokenString) {
    String url = "https://api.weixin.qq.com/cgi-bin/message/custom/send?access_token=
    ACCESS_TOKEN";
    String data = "{\n" +
                "    \"touser\":\"OPENID\",\n" +
                "    \"msgtype\":\"music\",\n" +
                "    \"music\":\n" +
                "    {\n" +
                "      \"title\":\"你把我灌醉\",\n" +
                "      \"description\":\"你让我心碎 爱得收不回\",\n" +
                "      \"musicurl\":\"https://music.163.com/#/song?id=1491229191\",\n" +
                "      \"thumb_media_id\":\"THUMB_MEDIA_ID\" \n" +
                "    }\n" +
                "}";
    data = data.replace("OPENID","obKWL6Q6awrcWSKz3LeSmcOYubfc");
    url = url.replace("ACCESS_TOKEN", tokenString);
    String thumbMediaId = musicResources(tokenString);
    data = data.replace("THUMB_MEDIA_ID",thumbMediaId);
    JSONObject jsonObject = CommonUtil.httpsRequest(url, "POST",data);
    System.out.println("客服接口发音乐消息：" + jsonObject);
}
private String musicResources(String tokenString) {
    String string = uploadAndGetTemptResource(tokenString);
    return string;
}
private void sendTextMessage(String tokenString) {
    String url = "https://api.weixin.qq.com/cgi-bin/message/custom/send?access_token=
    ACCESS_TOKEN";
    String data = "{\n" +
                "    \"touser\":\"OPENID\",\n" +
                "    \"msgtype\":\"text\",\n" +
                "    \"text\":\n" +
                "    {\n" +
                "    \"content\":\"Hello World\"\n" +
                "    }\n" +
                "}";
    data = data.replace("OPENID","obKWL6Q6awrcWSKz3LeSmcOYubfc");
    url = url.replace("ACCESS_TOKEN", tokenString);
    JSONObject jsonObject = CommonUtil.httpsRequest(url, "POST",data);
    System.out.println("客服接口发文本消息：" + jsonObject);
}
private void sendImage(String tokenString) {
    String url = "https://api.weixin.qq.com/cgi-bin/message/custom/send?access_token=
```

```
    ACCESS_TOKEN";
    String data = "{\n" +
                "     \"touser\":\"OPENID\",\n" +
                "     \"msgtype\":\"image\",\n" +
                "     \"image\":\n" +
                "     {\n" +
                "       \"media_id\":\"MEDIA_ID\"\n" +
                "     }\n" +
                "}";
    data = data.replace("OPENID","obKWL6Q6awrcWSKz3LeSmcOYubfc");
    String mediaId = uploadAndGetTemptResource(tokenString);
    data = data.replace("MEDIA_ID",mediaId);
    url = url.replace("ACCESS_TOKEN", tokenString);
    JSONObject jsonObject = CommonUtil.httpsRequest(url, "POST",data);
    System.out.println("客服接口发图片消息：" + jsonObject);
}
private void sendNews(String tokenString) {
    String url = "https://api.weixin.qq.com/cgi-bin/message/custom/send?access_token =
    ACCESS_TOKEN";
    String data = "{\n" +
                "     \"touser\":\"OPENID\",\n" +
                "     \"msgtype\":\"news\",\n" +
                "     \"news\":{\n" +
                "         \"articles\": [\n" +
                "         {\n" +
                "             \"title\":\"Happy Day\",\n" +
                "             \"description\":\"Is Really A Happy Day\",\n" +
                "             \"url\":\"URL\",\n" +
                "             \"picurl\":\"PIC_URL\"\n" +
                "         }\n" +
                "         ]\n" +
                "     }\n" +
                "}";
    data = data.replace("OPENID","obKWL6Q6awrcWSKz3LeSmcOYubfc");
    data = data.replace("URL","www.qq.com");
    url = url.replace("ACCESS_TOKEN", tokenString);
    JSONObject jsonObject = CommonUtil.httpsRequest(url, "POST",data);
    System.out.println("客服接口发图文消息：" + jsonObject);
}
private void testSendTextMessage(String tokenString) {
String textMsg = CustomerMessageUtil.makeTextCustomMessage("obKWL6Q6awrcWSKz3LeSmcOYubfc",
"这是测试消息");
System.out.println("客服接口发文本消息(对比)：" + CustomerMessageUtil.sendCustomMessage
(tokenString,textMsg));
}
private String uploadAndGetTemptResource(String tokenString) {
    String mediaId = "";
    String strPostAPIUrl = "https://api.weixin.qq.com/cgi-bin/media/upload?access_token =
    ACCESS_TOKEN&type = TYPE";
    strPostAPIUrl = strPostAPIUrl.replace("ACCESS_TOKEN", tokenString);
    strPostAPIUrl = strPostAPIUrl.replace("TYPE", "image");
```

```
String imgPath = "d:/postman/image/5.jpg";
File file = new File(imgPath);
try {
    URL urlObj = new URL(strPostAPIUrl);
    HttpURLConnection conn = (HttpURLConnection) urlObj.openConnection();
    conn.setRequestMethod("POST");
    conn.setDoInput(true);
    conn.setDoOutput(true);
    conn.setUseCaches(false);
    conn.setRequestProperty("Connection", "Keep-Alive");
    conn.setRequestProperty("Charset", "UTF-8");
    String BOUNDARY = "----------" + System.currentTimeMillis();
    conn.setRequestProperty("Content-Type", "multipart/form-data;boundary=" + BOUNDARY);
    StringBuilder sb = new StringBuilder();
    sb.append("--");
    sb.append(BOUNDARY);
    sb.append("\r\n");
    sb.append("Content-Disposition:form-data;name=\"media\";filename=\"" + file.
    getName() + "\";filelength=\"" + file.length() + "\"\r\n");
    sb.append("Content-Type:application/octet-stream\r\n\r\n");
    byte[] head = sb.toString().getBytes(StandardCharsets.UTF_8);
    OutputStream out = new DataOutputStream(conn.getOutputStream());
    out.write(head);
    DataInputStream in = new DataInputStream(new FileInputStream(file));
    int bytes = 0;
    byte[] bufferOut = new byte[1024 * 1024 * 10];
    while ((bytes = in.read(bufferOut)) != -1) {
        out.write(bufferOut, 0, bytes);
    }
    in.close();
    byte[] foot = ("\r\n--" + BOUNDARY + "--\r\n").getBytes(StandardCharsets.UTF_8);
    out.write(foot);
    out.flush();
    out.close();
    StringBuffer buffer = new StringBuffer();
    BufferedReader reader = null;
    String result = null;
    try {
        reader = new BufferedReader(new InputStreamReader(conn.getInputStream()));
        String line = null;
        while ((line = reader.readLine()) != null) {
            buffer.append(line);
        }
        if (result == null) {
            result = buffer.toString();
        }
    } catch (IOException e) {
        e.printStackTrace();
    } finally {
        reader.close();
    }
    JSONObject json = new JSONObject(result);
    System.out.println(json);
    mediaId = json.getString("media_id");
```

```
        } catch (Exception e) {
            e.printStackTrace();
        }
        return mediaId;
    }
}
```

6.5.4 运行程序

启动内网穿透工具后，按照例 6-4 中注释给出的提示修改 GetGZHRuleController 的相对地址，并再次运行项目入口类 WxgzptkfbookApplication。

在手机微信公众号中输入文本（如"你好"），自动回复文本、图片、图文、音乐、语音、文本，如图 6-6 所示。控制台中的输出结果如图 6-7 所示。单击图 6-6 中的图文链接，手机微信公众号打开腾讯网首页。单击图 6-6 中的音乐链接，手机微信公众号打开网易云音乐对应歌曲页面。

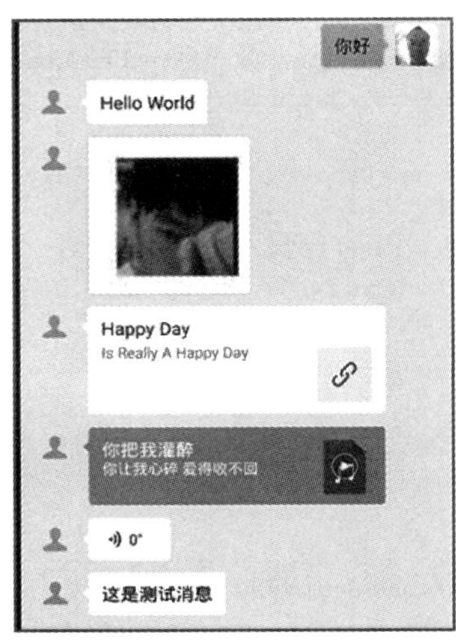

图 6-6 在手机微信公众号中输入文本后自动回复客服消息的结果

```
客服接口发文本消息: {"errcode":0,"errmsg":"ok"}
{"item":[],"media_id":"gflz6JrwsqXDwHhv7kyz0nTQAYGacpYrQqGgogTt8G4gQnMieIsqYzmbJglBk4bQ",
 "created_at":1624267120,"type":"image"}
客服接口发图片消息: {"errcode":0,"errmsg":"ok"}
客服接口发图文消息: {"errcode":0,"errmsg":"ok"}
{"item":[],"media_id":"6C-pQXtEkj8zbLj1DDua85_ugN8jIzgsZprqDTey_GZF3Efl-n2WandaJHdmtbPB",
 "created_at":1624267122,"type":"image"}
客服接口发音乐消息: {"errcode":0,"errmsg":"ok"}
{"item":[],"media_id":"83IVNBKSX4NxYkyKmAUN_SkexDHpqUHGuskmIyfBTlTIZnZwMsF7ElJyymwYFpM3",
 "created_at":1624267122,"type":"image"}
客服接口发语音消息: {"errcode":0,"errmsg":"ok"}
消息内容: {{"touser":"obKWL6Q6awrcWSKz3LeSmcOYubfc","msgtype":"text","text":{"content":"这是测试消息"}}}
客服消息发送成功 errcode:{0} errmsg:{ok}
客服接口发文本消息（对比）: true
```

图 6-7 在手机微信公众号中输入文本后自动回复客服消息在控制台中输出的结果

6.6 语音消息识别

6.6.1 说明

视频讲解

在微信公众号管理后台中，开通语音消息识别（简称语音识别）后，结果如图 6-8 所示（显示已经开通）。

体验接口权限表

类目	功能	接口	每日调用上限/次	操作
	基础支持	获取access_token	2000	
		获取微信服务器IP地址	无上限	
	接收消息	验证消息真实性	无上限	
		接收普通消息	无上限	
		接收事件推送	无上限	
		接收语音识别结果	无上限	关闭
	发送消息	自动回复	无上限	
		客服接口	500000	
		群发接口	详情	
对话服务		模板消息（业务通知）	100000	

图 6-8　公众号管理后台显示开通语音识别的结果

开通语音识别后，用户每次发送语音给公众号时，微信会在推送的语音消息 XML 数据中增加一个 Recognition 字段。开启语音识别后的语音 XML 数据包如例 6-7 所示。

【例 6-7】 开启语音识别后的语音 XML 数据包格式示例。

```
<xml>
  <ToUserName><![CDATA[toUser]]></ToUserName>
  <FromUserName><![CDATA[fromUser]]></FromUserName>
  <CreateTime>1357290913</CreateTime>
  <MsgType><![CDATA[voice]]></MsgType>
  <MediaId><![CDATA[media_id]]></MediaId>
  <Format><![CDATA[Format]]></Format>
  <Recognition><![CDATA[腾讯微信团队]]></Recognition>
  <MsgId>1234567890123456</MsgId>
</xml>
```

6.6.2 创建类 VoiceRecognitionController

继续在 6.5 节的基础上进行开发。在包 edu.bookcode.controller 中创建类 VoiceRecognitionController，代码如例 6-8 所示。

【例 6-8】 类 VoiceRecognitionController 的代码示例。

```
package edu.bookcode.controller;
```

```
import edu.bookcode.util.ChangeMessageToXML;
import edu.bookcode.util.OutAndSendUtil;
import edu.bookcode.util.ProcessToMapUtil;
import org.springframework.web.bind.annotation.RequestMapping;
import org.springframework.web.bind.annotation.RestController;
import javax.servlet.http.HttpServletRequest;
import javax.servlet.http.HttpServletResponse;
import java.io.IOException;
import java.util.Map;
@RestController
public class VoiceRecognitionController {
 //下面一行是运行本类时的相对地址
 @RequestMapping("/")
 //为了测试方便,在运行其他类时,必须注释掉上一行代码,即修改相对地址
 //并可以去掉下一行代码的注释,修改本类的相对地址
 //@RequestMapping("/testVoiceRecognition")
 void voiceRecognitionOut(HttpServletRequest request, HttpServletResponse response) throws
IOException {
     request.setCharacterEncoding("UTF-8");
     response.setCharacterEncoding("UTF-8");
     Map<String, String> message = ProcessToMapUtil.requestToMap(request);
     String xml = ChangeMessageToXML.voiceRecognitionToXML(message);
     OutAndSendUtil.outMessageToConsole(xml);
     String xmlVoiceText = ChangeMessageToXML.voiceRecognitionToText(message);
     OutAndSendUtil.sendMessageToWXAppClient(xmlVoiceText, response);
 }
}
```

6.6.3 运行程序

启动内网穿透工具后，按照例 6-6 中注释给出的提示修改 CustomerServiceController 的相对地址，并再次运行项目入口类 WxgzptkfbookApplication。

在手机微信公众号中说一段话（语音），在手机微信公众号中输出的语音识别的结果如图 6-9 所示。控制台中输出的语音识别结果如图 6-10 所示。

图 6-9　在手机微信公众号中说一段话（语音）后输出的语音识别结果

```
消息内容转换为XML输出到控制台:
<xml><ToUserName>obKWL6Q6awrcWSKz3LeSmc0Yubfc</ToUserName><FromUserName>gh_0acb8bcc8eef</FromUserName
><CreateTime>1624269202945</CreateTime><MsgType>voice</MsgType><MediaId
>mTpv_AginSvYnAEvDXFNJuSVoG9XS5tbnuJ2toNDfsngB3DTvndGQQnoghYWIvub</MediaId><Format>amr</Format
><Recognition>是智能语音的用法。</Recognition></xml>
```

图 6-10　在手机微信公众号中说一段话（语音）后在控制台中输出的语音识别结果

6.7 表情消息的应用开发

6.7.1 说明

视频讲解

网络表情指的是在互联网上交流时用到的帮助人们更准确表达信息的符号和图片。表情是日常生活的艺术化表达，被喻为语音与文字以外的第三种语言。富有创意、精心为聊天场景制作的表情不仅可以增加用户在聊天中的乐趣，还能收到意想不到的表达效果。表情主要分为字符表情和图片表情（表情包）。其中，图片表情常用的有百度 Hi 的气泡熊表情、QQ 表情、兔斯基表情、绿豆蛙表情、泡泡表情等。

本示例演示了在微信公众平台应用开发中如何对数据库进行操作（以对数据库 8.x 版本 MySQL 的访问为例）。

6.7.2 辅助工作

需要先安装数据库 MySQL，读者可参考相关资料完成此项工作。

创建数据库 wxgzhpt，并创建表、插入数据，SQL 语句代码如例 6-9 所示。

【例 6-9】 创建数据库、表并插入数据的 SQL 语句代码示例。

```
CREATE DATABASE wxgzhpt;
DROP TABLE IF EXISTS 'emojikeywords';
CREATE TABLE 'emojikeywords' (
  'id' int(11) NOT NULL AUTO_INCREMENT,
  'keywords' varchar(100) NOT NULL,
  'emoji' varchar(100) NOT NULL,
  PRIMARY KEY ('id')
) ENGINE = InnoDB AUTO_INCREMENT = 14 DEFAULT CHARSET = utf8mb4 COLLATE = utf8mb4_0900_ai_ci;
INSERT INTO 'emojikeywords' VALUES ('1', '微笑', '/微笑');
INSERT INTO 'emojikeywords' VALUES ('2', '呲牙', '/呲牙');
INSERT INTO 'emojikeywords' VALUES ('3', '爱心', '/爱心');
INSERT INTO 'emojikeywords' VALUES ('4', '强', '/强');
INSERT INTO 'emojikeywords' VALUES ('5', '憨笑', '/憨笑');
INSERT INTO 'emojikeywords' VALUES ('6', '奋斗', '/奋斗');
INSERT INTO 'emojikeywords' VALUES ('7', '大哭', '/大哭');
INSERT INTO 'emojikeywords' VALUES ('8', '尴尬', '/尴尬');
INSERT INTO 'emojikeywords' VALUES ('9', '偷笑', '/偷笑');
INSERT INTO 'emojikeywords' VALUES ('10', '抓狂', '/抓狂');
INSERT INTO 'emojikeywords' VALUES ('11', '白眼', '/白眼');
INSERT INTO 'emojikeywords' VALUES ('12', '困', '/困');
INSERT INTO 'emojikeywords' VALUES ('13', '饥饿', '/饥饿');
INSERT INTO 'emojikeywords' VALUES ('14', '疑问', '/疑问');
INSERT INTO 'emojikeywords' VALUES ('15', '调皮', '/调皮');
```

修改项目 src\main\resources 目录下的文件 application.properties，向该文件中增加对 MySQL 数据库的配置信息，代码如例 6-10 所示。注意，不同版本 MySQL 的配置信息可能有差异，例如 5.x 版和 8.x 版的配置信息不同。

【例 6-10】 文件 application.properties 增加的数据库配置信息代码示例。

```
spring.datasource.driver-class-name=com.mysql.cj.jdbc.Driver
spring.datasource.url = jdbc:mysql://localhost:3306/wxgzhpt?serverTimezone = GMT&useUnicode =
true&characterEncoding=UTF-8&useSSL=false
spring.jpa.hibernate.ddl-auto=none
spring.datasource.username=root
spring.datasource.password=ws780125                //需要修改成读者自己的密码
```

6.7.3 创建类 Emojikeywords

继续在 6.6 节的基础上进行开发。在包 edu.bookcode 中创建 exofemoji 子包，并在包 edu.bookcode.exofemoji 中创建 service 子包，在包 edu.bookcode.exofemoji.service 中创建类 Emojikeywords，代码如例 6-11 所示。

【例 6-11】 类 Emojikeywords 的代码示例。

```
package edu.bookcode.exofemoji.service;
import lombok.Data;
import javax.persistence.*;
@Entity
@Table(name = "emojikeywords")
@Data
public class Emojikeywords {
    @Id
    @GeneratedValue
    @Column(name = "id")
    private Integer id;
    @Column(name = "keywords")
    private String keywords;
    @Column(name = "emoji")
    private String emoji;
}
```

6.7.4 创建接口 EmojiRepository

在包 edu.bookcode.exofemoji.service 中创建接口 EmojiRepository，代码如例 6-12 所示。

【例 6-12】 接口 EmojiRepository 的代码示例。

```
package edu.bookcode.exofemoji.service;
import org.springframework.data.jpa.repository.JpaRepository;
import org.springframework.stereotype.Repository;
@Repository
public interface EmojiRepository extends JpaRepository<Emojikeywords, Integer> {
}
```

6.7.5　创建类 MessageTemplateUtil

在包 edu. bookcode. exofemoji. service 中创建类 MessageTemplateUtil，代码如例 6-13 所示。

【例 6-13】　类 MessageTemplateUtil 的代码示例。

```
package edu.bookcode.exofemoji.service;
import edu.bookcode.exofmessage.message.resp.TextMessage;
public class MessageTemplateUtil {
    public static String textMessageToXML(TextMessage textMessage){
        String xml = "<xml>" +
                    "<ToUserName>" + textMessage.getFromUserName() + "</ToUserName>" +
                    "<FromUserName>" + textMessage.getToUserName() + "</FromUserName>" +
                    "<CreateTime>" + textMessage.getCreateTime() + "</CreateTime>" +
                    "<MsgType>text</MsgType>" +
                    "<Content>" + textMessage.getContent() + "</Content>" +
                    "</xml>";
        return xml;
    }
}
```

6.7.6　创建类 EmojiController

在包 edu. bookcode. exofemoji 中创建 controller 子包，并在包 edu. bookcode. exofemoji. controller 中创建类 EmojiController，代码如例 6-14 所示。

【例 6-14】　类 EmojiController 的代码示例。

```
package edu.bookcode.exofemoji.controller;
import edu.bookcode.exofemoji.service.EmojiRepository;
import edu.bookcode.exofemoji.service.Emojikeywords;
import edu.bookcode.exofemoji.service.MessageTemplateUtil;
import edu.bookcode.exofmessage.message.resp.TextMessage;
import edu.bookcode.exofmessage.util.MessageUtil;
import edu.bookcode.util.OutAndSendUtil;
import org.springframework.beans.factory.annotation.Autowired;
import org.springframework.web.bind.annotation.RequestMapping;
import org.springframework.web.bind.annotation.RestController;
import javax.servlet.http.HttpServletRequest;
import javax.servlet.http.HttpServletResponse;
import java.util.Date;
import java.util.List;
import java.util.Map;
@RestController
public class EmojiController {
    @Autowired
    private EmojiRepository emojiRepository;
 //下面一行是运行本类时的相对地址
```

```
    @RequestMapping("/")
    //为了测试方便,在运行其他类时,必须注释掉上一行代码,即修改相对地址
    //并可以去掉下一行代码的注释,修改本类的相对地址
    //@RequestMapping("/testemoji")
    public void doPost(HttpServletRequest request, HttpServletResponse response)  {
    try {
            request.setCharacterEncoding("UTF-8");
            response.setCharacterEncoding("UTF-8");
            Map<String, String> requestMap = MessageUtil.parseXml(request);
            TextMessage textMessage = new TextMessage();
            textMessage.setToUserName(requestMap.get("ToUserName"));
            textMessage.setFromUserName(requestMap.get("FromUserName"));
            textMessage.setCreateTime(new Date().getTime());
            String content = requestMap.get("Content");
            String reqStr = "/::)"; //微笑
            String result = "";
            //查找数据库中的表情
            List<Emojikeywords> emojiEntityList = emojiRepository.findAll();
            if ((null != emojiEntityList) && (0 != emojiEntityList.size())) {
                for (Emojikeywords each: emojiEntityList) {
                    if(content.contains(each.getEmoji())){
                        result = each.getEmoji();
                        System.out.println(result);
                    }
                }
                reqStr = result;
            }
            textMessage.setContent(reqStr);
            textMessage.setMsgType("text");
            String respXml = MessageTemplateUtil.textMessageToXML(textMessage);
            OutAndSendUtil.outMessageToConsole(respXml);
            OutAndSendUtil.sendMessageToWXAppClient(respXml, response);
        } catch (Exception e) {
            e.printStackTrace();
        }
    }
}
```

6.7.7 运行程序

启动内网穿透工具后，按照例 6-8 中注释给出的提示修改 VoiceRecognitionController 的相对地址，并再次运行项目入口类 WxgzptkfbookApplication。

在手机微信公众号中输入文本（如“调皮”），手机微信公众号在回复的文本消息中包含对应的表情，如图 6-11 所示。控制台中的输出结果请读者参考自行运行的结果或者参考视频内容。

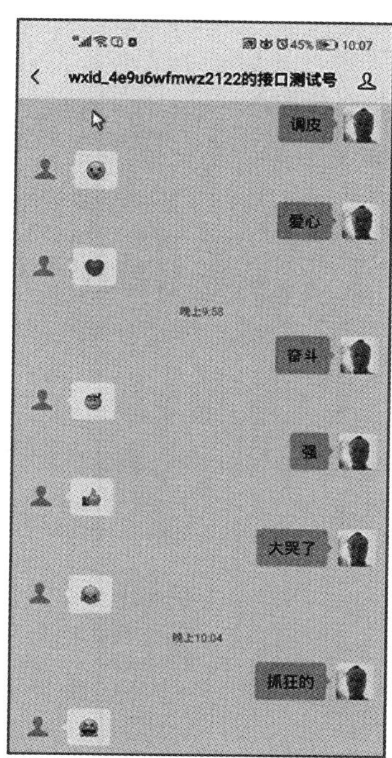

图 6-11　在手机微信公众号中输入文本后回复文本消息中包含对应的表情

习题 6

简答题

简述对模板消息应用开发规则的理解。

实验题

1. 实现示例：模板消息的应用开发。
2. 完成一个实例，实现对接口调用频次进行清零。
3. 完成一个实例，获取公众号的自动回复规则。
4. 完成一个实例，实现客户消息功能。
5. 完成一个实例，实现语音识别功能。
6. 实现示例：表情消息的应用开发。

第7章

素材管理的应用开发

本章先介绍临时素材、永久素材、素材总数、素材列表等相关接口，再介绍如何进行素材管理的应用开发。

7.1 说明

7.1.1 临时素材

公众号经常需要用到一些临时性多媒体素材，例如发送消息时对多媒体文件的获取和调用等操作。通过素材管理接口可以新增临时素材(即上传临时多媒体文件)。

临时素材 media_id 是可复用的。多媒体文件在微信服务器保存时间为 3 天。上传临时素材的格式、大小限制要与公众平台官方要求一致。例如，图片(image)要求在 10MB 以内，支持 PNG、JPEG、JPG、GIF 格式。

新增临时素材接口 URL 为 https https://api.weixin.qq.com/cgi-bin/media/upload?access_token=ACCESS_TOKEN&type=TYPE。type 是多媒体文件类型，分别有图片、语音、视频和缩略图。

获取临时素材接口 URL 为 https://api.weixin.qq.com/cgi-bin/media/get?access_token=ACCESS_TOKEN&media_id=MEDIA_ID。

7.1.2 永久素材

常用的素材可上传到微信服务器供永久使用。新增的永久素材也可以在公众号管理后台的素材管理模块中查询管理。永久图片素材新增后，将返回 URL，可以在腾讯系域名内使用。图文消息的具体内容中，微信服务器将过滤外部的图片链接，图片 URL 需通过"上传图文消息内的图片获取 URL"接口上传图片获取。

新增永久图文素材接口 URL 为 https://api.weixin.qq.com/cgi-bin/material/add_news?access_token=ACCESS_TOKEN。接口请求的参数包括 title(标题)、thumb_media_id(图文消息的封面图片素材 id，必须是永久 mediaID)、show_cover_pic(是否显示封面)、content(图文消息的具体内容)和 content_source_url(图文消息的原文地址)。

获取 URL 接口所上传的图片接口 URL 为 https://api.weixin.qq.com/cgi-bin/media/uploadimg?access_token=ACCESS_TOKEN。

新增其他类型永久素材接口 URL 为 https://api.weixin.qq.com/cgi-bin/material/add_material?access_token=ACCESS_TOKEN&type=TYPE。请求参数 media 是 form-data 中多媒体文件标识，有 filename、filelength 和 content-type 等信息。

可以根据 media_id 通过接口下载永久素材，接口 URL 为 https://api.weixin.qq.com/cgi-bin/material/get_material?access_token=ACCESS_TOKEN。

可以删除不再需要的永久素材，接口 URL 为 https://api.weixin.qq.com/cgi-bin/material/del_material?access_token=ACCESS_TOKEN。无法通过本接口删除临时素材。

更新永久图文素材的接口 URL 为 https://api.weixin.qq.com/cgi-bin/material/update_news?access_token=ACCESS_TOKEN。

7.1.3 素材总数

获取素材总数的接口 URL 为 https://api.weixin.qq.com/cgi-bin/material/get_materialcount?access_token=ACCESS_TOKEN。永久素材的总数也包括公众号管理后台素材管理中的素材。返回语音总数量 voice_count、视频总数量 video_count、图片总数量 image_count 和图文总数量 news_count。

7.1.4 素材列表

可以分类型获取永久素材列表，获取永久素材列表的接口 URL 为 https://api.weixin.qq.com/cgi-bin/material/batchget_material?access_token=ACCESS_TOKEN。无法通过本接口获取临时素材。

7.2 素材管理的应用

视频讲解

7.2.1 创建类 ResourceProcessUtil

继续在 6.7 节的基础上进行开发。在包 edu.bookcode.util 中创建类 ResourceProcessUtil，代码如例 7-1 所示。

【例 7-1】 类 ResourceProcessUtil 的代码示例。

```
package edu.bookcode.util;
import net.sf.json.JSONObject;
import java.io.*;
import java.net.HttpURLConnection;
import java.net.URL;
import java.nio.charset.StandardCharsets;
public class ResourceProcessUtil {
 public static String getJsonString(String imgPath,String url,String getContent) {
      File file = new File(imgPath);
      String content = "";
      try {
           URL urlObj = new URL(url);
           HttpURLConnection conn = (HttpURLConnection) urlObj.openConnection();
           conn.setRequestMethod("POST");
           conn.setDoInput(true);
           conn.setDoOutput(true);
           conn.setUseCaches(false);
           conn.setRequestProperty("Connection", "Keep-Alive");
           conn.setRequestProperty("Charset", "UTF-8");
           String BOUNDARY = "----------" + System.currentTimeMillis();
           conn.setRequestProperty("Content-Type", "multipart/form-data;boundary=" +
           BOUNDARY);
           StringBuilder sb = new StringBuilder();
           sb.append("--");
           sb.append(BOUNDARY);
           sb.append("\r\n");
           sb.append("Content-Disposition:form-data;name=\"media\";filename=\"" +
           file.getName() + "\";filelength=\"" + file.length() + "\"\r\n");
           sb.append("Content-Type:application/octet-stream\r\n\r\n");
           byte[] head = sb.toString().getBytes(StandardCharsets.UTF_8);
           OutputStream out = new DataOutputStream(conn.getOutputStream());
           out.write(head);
           DataInputStream in = new DataInputStream(new FileInputStream(file));
           int bytes;
           byte[] bufferOut = new byte[1024 * 1024 * 10];
           while ((bytes = in.read(bufferOut)) != -1) {
                out.write(bufferOut, 0, bytes);
           }
           in.close();
           byte[] foot = ("\r\n--" + BOUNDARY + "--\r\n").getBytes(StandardCharsets.UTF_8);
           out.write(foot);
           out.flush();
           out.close();
           StringBuffer buffer = new StringBuffer();
           BufferedReader reader = null;
           String result = null;
           try {
                reader = new BufferedReader(new InputStreamReader(conn.getInputStream()));
                String line;
```

```
                while ((line = reader.readLine()) != null) {
                    buffer.append(line);
                }
                if (result == null) {
                    result = buffer.toString();
                }
            } catch (IOException e) {
                e.printStackTrace();
            } finally {
                reader.close();
            }
            JSONObject json = new JSONObject(result);
            content = json.getString(getContent);
        } catch (Exception e) {
            e.printStackTrace();
        }
        return content;
}
    }
```

7.2.2 创建类 ResourceManageController

在包 edu.bookcode.controller 中创建类 ResourceManageController,代码如例 7-2 所示。

【例 7-2】 类 ResourceManageController 的代码示例。

```
package edu.bookcode.controller;
import edu.bookcode.service.CommonUtil;
import edu.bookcode.service.TemptTokenUtil;
import edu.bookcode.service.URLtoTokenUtil;
import edu.bookcode.service.UrlToOtherTypeUtil;
import edu.bookcode.util.ResourceProcessUtil;
import net.sf.json.JSONObject;
import org.springframework.web.bind.annotation.RequestMapping;
import org.springframework.web.bind.annotation.RestController;
import javax.imageio.ImageIO;
import java.awt.image.BufferedImage;
import java.io.*;
@RestController
public class ResourceManageController {
 //下面一行是运行本类时的相对地址
@RequestMapping("/")
//为了测试方便,在运行其他类时,必须注释掉上一行代码,即修改相对地址
//并可以去掉下一行代码的注释,修改本类的相对地址
//@RequestMapping("/testResourceManage")
 void testResourceManage() {
      String tokenString = new TemptTokenUtil().getTokenInfo();
      String mediaId1 = uploadAndGetTemptImage(tokenString);
      System.out.println("————————新增并获取临时图片————————");
      System.out.println("mediaId1:" + mediaId1);
```

```
        System.out.println("————————新增并获取临时语音素材————————");
        String mediaIdVoice = uploadAndGetTemptVoice(tokenString);
        System.out.println("mediaIdVoice:" + mediaIdVoice);
        System.out.println("————————新增永久图文素材————————");
        uploadNews(tokenString);
        System.out.println("————————上传图文消息内的图片获取 URL————————");
        System.out.println(uploadImageAndGetURL(tokenString));
        System.out.println("————————增加、查询、删除素材(图片)————————");
        String mediaId2 = uploadAndGetForeverResource(tokenString);
        System.out.println("mediaId2:" + mediaId2);
        System.out.println("————————获取素材总数————————");
        getMaterialCounts(tokenString);
        System.out.println("————————获取素材列表————————");
        batchGetMaterial(tokenString);
    }
    private void uploadVoice(String tokenString) {
    String url = "https://api.weixin.qq.com/cgi-bin/material/add_material?access_token =
    ACCESS_TOKEN&type = TYPE&media_id = MEDIA_ID";
        String data = "{ " +
                "           \"title\":\"Happy Day\"," +
                "           \"introduction\":\"content\"" +
                "}";
    url = url.replace("MEDIA_ID","vX_lYHYPsDioiQ8J0ZkVOeg0LMxHeHROwhVMf - 3pqApRSFmMAr6D31Vfe7Aw51mv");
        url = url.replace("ACCESS_TOKEN", tokenString);
        url = url.replace("TYPE", "voice");
         JSONObject jsonObject = CommonUtil.httpsRequest(url, "POST",data);
         System.out.println(jsonObject);
    }
    private String uploadAndGetTemptVoice(String tokenString) {
        String url = "https://api.weixin.qq.com/cgi-bin/media/upload?access_token = ACCESS_
        TOKEN&type = TYPE";
        url = url.replace("ACCESS_TOKEN", tokenString);
        url = url.replace("TYPE", "voice");
        String imgPath = "src/main/resources/voice/testVoice.mp3";
        String mediaId = ResourceProcessUtil.getJsonString(imgPath, url, "media_id");
        System.out.println("mediaId of voice: " + mediaId);
        String strgetAPIUrl = "https://api.weixin.qq.com/cgi-bin/media/get?access_token =
        ACCESS_TOKEN&media_id = MEDIA_ID";
        strgetAPIUrl = strgetAPIUrl.replace("ACCESS_TOKEN", tokenString);
        strgetAPIUrl = strgetAPIUrl.replace("MEDIA_ID", mediaId);
        if(URLtoTokenUtil.getTemptURLToken(strgetAPIUrl).length()> 0) {
            System.out.println("获得有效的语音素材");
        } else {
            System.out.println("没有获得有效的语音素材");
        }
        return mediaId;
    }
    private String uploadImageAndGetURL(String tokenString) {
        String url = "https://api.weixin.qq.com/cgi-bin/media/uploadimg?access_token =
        ACCESS_TOKEN";
        url = url.replace("ACCESS_TOKEN", tokenString);
```

```
        String imgPath = "C:/Users/ws/Desktop/png/IDcard1.jpg";
        String urlForever = ResourceProcessUtil.getJsonString(imgPath,url,"url");
        return urlForever;
    }
    private void batchGetMaterial(String tokenString) {
        String url = "https://api.weixin.qq.com/cgi-bin/material/batchget_material?access_
        token=ACCESS_TOKEN";
        //与原来的官方文档相比略有差异
        String data = "{\n" +
                "\"type\":\"TYPE\",\n" +
                "\"offset\":OFFSET,\n" +
                "\"count\":COUNT\n" +
                "}";
        data = data.replace("TYPE","image");
        data = data.replace("OFFSET","0");
        data = data.replace("COUNT","15");
        url = url.replace("ACCESS_TOKEN", tokenString);
        JSONObject jsonObject = CommonUtil.httpsRequest(url, "POST",data);
        System.out.println(jsonObject);
    }
    private void getMaterialCounts(String tokenString) {
        String url = "https://api.weixin.qq.com/cgi-bin/material/get_materialcount?access_
        token=ACCESS_TOKEN";
        url = url.replace("ACCESS_TOKEN", tokenString);
        JSONObject jsonObject2 = new JSONObject(URLtoTokenUtil.getTemptURLToken(url));
        System.out.println(jsonObject2);
    }
    public void uploadNews(String tokenString) {
        String url = "https://api.weixin.qq.com/cgi-bin/media/uploadnews?access_token=
        ACCESS_TOKEN";
        String data = "{\n" +
                "  \"articles\": [\t \n" +
                "      {\n" +
                "          \"thumb_media_id\":\"VHBWhPstUpFyPVvW93lVnA_
                ov7d45r44Q9UtnF5E5YIooADR8rZfFoXlSoLcBJoo\",\n" +
                "          \"author\":\"xxx\",\t\t\n" +
                "          \"title\":\"Happy Day\",\t\t \n" +
                "          \"content_source_url\":\"www.qq.com\",\t\t\n" +
                "          \"content\":\"content\",\t\t \n" +
                "          \"digest\":\"digest\",\n" +
                "          \"show_cover_pic\":1,\n" +
                "          \"need_open_comment\":1,\n" +
                "          \"only_fans_can_comment\":1\n" +
                "      },\t \n" +
                "      {\n" +
                "          \"thumb_media_id\":\"VHBWhPstUpFyPVvW93lVnA_
                ov7d45r44Q9UtnF5E5YIooADR8rZfFoXlSoLcBJoo\",\n" +
                "          \"author\":\"xxx\",\t\t\n" +
                "          \"title\":\"Happy Day\",\t\t \n" +
                "          \"content_source_url\":\"www.qq.com\",\t\t\n" +
                "          \"content\":\"content\",\t\t \n" +
```

```
                    "            \"digest\":\"digest\",\n" +
                    "            \"show_cover_pic\":0,\n" +
                    "            \"need_open_comment\":1,\n" +
                    "            \"only_fans_can_comment\":1\n" +
                    "        }\n" +
                    "    ]\n" +
                    "}";
        url = url.replace("ACCESS_TOKEN", tokenString);
        JSONObject jsonObject = CommonUtil.httpsRequest(url, "POST", data);
        System.out.println("jsonObject" + jsonObject);
    }
    String uploadAndGetTemptImage(String tokenString) {
        String url = "https://api.weixin.qq.com/cgi-bin/media/upload?access_token=ACCESS_
TOKEN&type=TYPE";
        url = url.replace("ACCESS_TOKEN", tokenString);
        url = url.replace("TYPE", "image");
        String imgPath = "C:/Users/ws/Desktop/png/IDcard2.jpg";
        String mediaId = ResourceProcessUtil.getJsonString(imgPath,url,"media_id");
        String strgetAPIUrl = "https://api.weixin.qq.com/cgi-bin/media/get?access_token=
ACCESS_TOKEN&media_id=MEDIA_ID";
        strgetAPIUrl = strgetAPIUrl.replace("ACCESS_TOKEN", tokenString);
        strgetAPIUrl = strgetAPIUrl.replace("MEDIA_ID", mediaId);
        File file1 = UrlToOtherTypeUtil.fetchTmpFile(strgetAPIUrl, "image", tokenString);
        try {
            //要想保存这个对象需要把 image 声明为 BufferedImage 类型
            BufferedImage image = ImageIO.read(file1);
            ImageIO.write(image, "jpg", new File("D:\\postman\\image\\2.jpg"));
        } catch (Exception e) {
            e.printStackTrace();
        }
        String string = URLtoTokenUtil.getTemptURLToken(strgetAPIUrl);
        if(string.length()> 0) {
            System.out.println("获取有效临时图片文件");
        } else {
            System.out.println("没有获取有效临时图片文件");
        }
        return mediaId;
    }
    String uploadAndGetForeverResource(String tokenString) {
        String url = "https://api.weixin.qq.com/cgi-bin/material/add_material?access_token=
ACCESS_TOKEN&type=TYPE";
        url = url.replace("ACCESS_TOKEN", tokenString);
        url= url.replace("TYPE", "image");
        String imgPath= "C:/Users/ws/Desktop/png/0.jpg";
        String mediaId = ResourceProcessUtil.getJsonString(imgPath,url,"media_id");
        String url2 = "https://api.weixin.qq.com/cgi-bin/material/get_material?access_
token=ACCESS_TOKEN";
        String data2 = "{\n" +
                    "   \"media_id\":\"MEDIA_ID\"\n" +
                    "}";
        data2 = data2.replace("MEDIA_ID",mediaId);
```

```
        String url3 = " https://api.weixin.qq.com/cgi-bin/material/del_material?access_
        token=ACCESS_TOKEN";
        url3 = url3.replace("ACCESS_TOKEN", tokenString);
        JSONObject jsonObject2 = CommonUtil.httpsRequest(url3, "POST",data2);
        if (! jsonObject2.getString("errmsg").equalsIgnoreCase("ok")){
            System.out.println("无法删除图片素材");
        } else {
            System.out.println("删除图片素材");
            System.out.println(jsonObject2);
        }
        if(mediaId == null) {
            return "没有图片 mediaId";
        } else {
                return mediaId;
            }
    }
}
```

7.2.3 运行程序

启动内网穿透工具后，按照例 6-14 中注释给出的提示修改 EmojiController 的相对地址，并再次运行项目入口类 WxgzptkfbookApplication。

在工具 Postman 的 URL 中输入 http://localhost：8080/，选择 POST 方法成功运行程序后，控制台中的输出如例 7-3 所示。

【例 7-3】 控制台中的输出示例。

```
获取有效临时图片文件
——————新增并获取临时图片——————
mediaId1:wzmv_I6-xKB1eYO6_vx9GoXsSnXDAi9cRfBT1r_w5OyozwAJmmN2iq0m3dvJxQMV
——————新增并获取临时语音素材——————
mediaId of voice: OFCl6Jxbv6_4vpQStZIwCmh-_jZrvsPK012yl8FgCdXjtBubOOYYoej2lFeB1hq0
获得有效的语音素材
mediaIdVoice:OFCl6Jxbv6_4vpQStZIwCmh-_jZrvsPK012yl8FgCdXjtBubOOYYoej2lFeB1hq0
——————新增永久图文素材——————
jsonObject{"item":[],"media_id":"mrkNtucK-pHJXVGdCPwsnvuxfL6VDBpLWN8c0fQW5guHauqwcHHU0ADy
UsyE1wf9","created_at":1624439504,"type":"news"}
——————上传图文消息内的图片获取 URL——————
http://mmbiz.qpic.cn/mmbiz_jpg/mpxFSCYzfvMKml4vuggQiagG7xUOly6vw85YGhhx6e0ic0hbWGIBTQLGElC
QO6dOP6fQDSp7oPHa1niaHXUoOkeMw/0
——————增加、查询、删除素材(图片)——————
删除图片素材
{"errcode":0,"errmsg":"ok"}
mediaId2:Rhk7NCNDXtRUb6_yr4nyoF_Ib9--m7JHqLBkgo7nBFs
——————获取素材总数——————
{"voice_count":0,"video_count":0,"image_count":54,"news_count":0}
——————获取素材列表——————
{"item_count":15,"item":[{"update_time":1624439502,"name":"api_mpnews_cover.jpg","media_
id":"Rhk7NCNDXtRUb6_yr4nyoEUuQbi81cEv6nQHUpMnTQs","url":"","tags":[]},{"update_time":
```

1624439407,"name":"api_mpnews_cover.jpg","media_id":"Rhk7NCNDXtRUb6_yr4nyoGjE6DyDuOvfEsA4dvGS8sM","url":"","tags":[]},{"update_time":1624439163,"name":"0.jpg","media_id":"Rhk7NCNDXtRUb6_yr4nyoDCe5WDluwST2oXPii2YZFg","url":"http://mmbiz.qpic.cn/mmbiz_jpg/mpxFSCYzfvMKml4vuggQiagG7xUOly6vw6EdTMC4FaTgibTppL1BSgJMyhBs0JCytypj8968BMD4g1c2q2ZLPZWw/0?wx_fmt = jpeg","tags":[]},{"update_time":1624439160,"name":"api_mpnews_cover.jpg","media_id":"Rhk7NCNDXtRUb6_yr4nyoJ_19_gcuPpN1rGSjE4xaKg","url":"","tags":[]},{"update_time":1624438950,"name":"0.jpg","media_id":"Rhk7NCNDXtRUb6_yr4nyoKVVgaaczTlcsPrI57ZEahY","url":"http://mmbiz.qpic.cn/mmbiz_jpg/mpxFSCYzfvMKml4vuggQiagG7xUOly6vw6EdTMC4FaTgibTppL1BSgJMyhBs0JCytypj8968BMD4g1c2q2ZLPZWw/0?wx_fmt = jpeg","tags":[]},{"update_time":1624438949,"name":"api_mpnews_cover.jpg","media_id":"Rhk7NCNDXtRUb6_yr4nyoKnJHvSsh6iA7XphOhIRwIk","url":"","tags":[]},{"update_time":1624438948,"name":"0.jpg","media_id":"Rhk7NCNDXtRUb6_yr4nyoOxT7KVAL1jx2aJBbmuegjo","url":"http://mmbiz.qpic.cn/mmbiz_jpg/mpxFSCYzfvMKml4vuggQiagG7xUOly6vw6EdTMC4FaTgibTppL1BSgJMyhBs0JCytypj8968BMD4g1c2q2ZLPZWw/0?wx_fmt = jpeg","tags":[]},{"update_time":1624438945,"name":"api_mpnews_cover.jpg","media_id":"Rhk7NCNDXtRUb6_yr4nyoEgovW60IaYzJuRrAaQ8yhE","url":"","tags":[]},{"update_time":1624438257,"name":"api_mpnews_cover.jpg","media_id":"Rhk7NCNDXtRUb6_yr4nyoDRS38DuJahJhNm - ob5ZMNo","url":"","tags":[]},{"update_time":1624438044,"name":"api_mpnews_cover.jpg","media_id":"Rhk7NCNDXtRUb6_yr4nyoEyQsgbC5CYyYQ2AcAFncv0","url":"","tags":[]},{"update_time":1624437842,"name":"api_mpnews_cover.jpg","media_id":"Rhk7NCNDXtRUb6_yr4nyoCgm5pLbP - SdbPGpKsvpqlE","url":"","tags":[]},{"update_time":1624437686,"name":"api_mpnews_cover.jpg","media_id":"Rhk7NCNDXtRUb6_yr4nyoBOGwY_P3h8wH9NhhtAz91Q","url":"","tags":[]},{"update_time":1624437448,"name":"api_mpnews_cover.jpg","media_id":"Rhk7NCNDXtRUb6_yr4nyoNhag_02lHcyULg5oIx3jio","url":"","tags":[]},{"update_time":1624437238,"name":"api_mpnews_cover.jpg","media_id":"Rhk7NCNDXtRUb6_yr4nyoBqarA5w1C0Ns8FWttsWwGE","url":"","tags":[]},{"update_time":1624437039,"name":"0.jpg","media_id":"Rhk7NCNDXtRUb6_yr4nyoL1p8dypJGS_TtLakyJe8Ww","url":"http://mmbiz.qpic.cn/mmbiz_jpg/mpxFSCYzfvMKml4vuggQiagG7xUOly6vw6EdTMC4FaTgibTppL1BSgJMyhBs0JCytypj8968BMD4g1c2q2ZLPZWw/0?wx_fmt = jpeg","tags":[]}],"total_count":54}

习题 7

简答题

简述对素材管理接口的理解。

实验题

实现一个实例，调用素材管理接口。

第8章

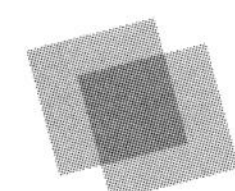

用户管理的应用开发

本章先介绍标签管理、设置用户备注名、获取用户基本信息、获取用户列表、获取用户地理位置、黑名单管理等相关接口，再介绍如何进行用户管理的应用开发。

8.1 说明

8.1.1 标签管理

可以使用相关接口对公众号的标签进行创建、查询、修改、删除等操作，也可以对用户进行打标签、取消标签等操作。标签功能目前支持公众号为用户打上最多 20 个标签。一个公众号最多可以创建 100 个标签。创建标签接口 URL 为 https://api. weixin. qq. com/cgi-bin/tags/create?access_token=ACCESS_TOKEN。请求参数 name(标签名)在 30 个字符以内。

获取公众号已创建的标签接口 URL 为 https://api. weixin. qq. com/cgi-bin/tags/get?access_token=ACCESS_TOKEN。

编辑标签接口 URL 为 https://api. weixin. qq. com/cgi-bin/tags/update?access_token=ACCESS_TOKEN。

删除标签接口 URL 为 https://api. weixin. qq. com/cgi-bin/tags/delete?access_token=ACCESS_TOKEN。

获取标签下用户列表接口 URL 为 https://api. weixin. qq. com/cgi-bin/user/tag/get?access_token=ACCESS_TOKEN。

批量为用户打标签接口 URL 为 https://api. weixin. qq. com/cgi-bin/tags/members/batchtagging?access_token=ACCESS_TOKEN。

批量为用户取消标签接口 URL 为 https://api. weixin. qq. com/cgi-bin/tags/members/

batchuntagging?access_token=ACCESS_TOKEN。

获取用户标签列表的接口 URL 为 https://api.weixin.qq.com/cgi-bin/tags/getidlist?access_token=ACCESS_TOKEN。

8.1.2 设置用户备注名

可以通过接口对指定用户设置备注名，接口 URL 为 https://api.weixin.qq.com/cgi-bin/user/info/updateremark?access_token=ACCESS_TOKEN。请求参数 remark（新的备注名）长度必须小于 30 个字符。

8.1.3 获取用户基本信息

在用户与公众号产生消息交互后，公众号可获得用户的 OpenID（加密后的微信号）。可根据 OpenID 获取用户基本信息，包括昵称、头像、性别、所在城市、语言和关注时间。每个用户对每个公众号的 OpenID 是唯一的。对于不同公众号，同一用户的 OpenID 不同。

如果拥有多个移动应用、网站应用和公众号，可通过获取用户基本信息中的 UnionID 来区分用户的唯一性，因为只要是同一个微信开放平台账号下的移动应用、网站应用和公众号，用户的 UnionID 是唯一的。

获取用户基本信息的接口 URL 为 https://api.weixin.qq.com/cgi-bin/user/info?access_token=ACCESS_TOKEN&openid=OPENID&lang=zh_CN。

可通过接口来批量获取用户基本信息。最多支持一次拉取 100 条信息。接口 URL 为 https://api.weixin.qq.com/cgi-bin/user/info/batchget?access_token=ACCESS_TOKEN。

8.1.4 获取用户列表

可通过接口来获取公众号用户列表，一次拉取调用最多拉取 10 000 个用户信息，可以通过多次拉取的方式来满足需求。接口 URL 为 https://api.weixin.qq.com/cgi-bin/user/get?access_token=ACCESS_TOKEN&next_openid=NEXT_OPENID。next_openid 是第一个拉取的 OpenID，不填写则默认从头开始拉取。

8.1.5 获取用户地理位置

开通了上报地理位置接口的公众号，用户在关注公众号时，会弹出对话框让用户确认是否允许公众号使用其地理位置。对话框只在关注后出现一次，之后用户可以在公众号详情页面进行操作。

进入公众号会话时，都会在进入时上报地理位置，上报地理位置以推送 XML 数据包到开发者填写的 URL 来实现。推送地理位置 XML 数据包示例代码如例 8-1 所示。

【例 8-1】 推送地理位置 XML 数据包示例代码。

```
<xml>
    <ToUserName><![CDATA[toUser]]></ToUserName>
```

```
    <FromUserName><![CDATA[fromUser]]></FromUserName>
    <CreateTime>123456789</CreateTime>
    <MsgType><![CDATA[event]]></MsgType>
    <Event><![CDATA[LOCATION]]></Event>
    <Latitude>23.137466</Latitude>
    <Longitude>113.352425</Longitude>
    <Precision>119.385040</Precision>
</xml>
```

8.1.6 黑名单管理

可通过接口来获取账号的黑名单列表,接口 URL 为 https://api.weixin.qq.com/cgi-bin/tags/members/getblacklist?access_token=ACCESS_TOKEN。黑名单列表由一串 OpenID 组成,每次调用最多可拉取 10 000 个 OpenID。当公众号黑名单列表数量超过 10 000 时,可通过填写 next_openid 的值来多次拉取列表(可参考 8.1.4 节的接口)。在调用接口时,将上一次调用得到的返回中的 next_openid 的值,作为下一次调用中的 begin_openid 值(此值相对于上一次调用结果 OpenID,如 100,会为 101,此值和上一次调用中的 next_openid 值相同)。

可通过接口来拉黑某些用户,黑名单列表由一串 OpenID 组成。接口 URL 为 https://api.weixin.qq.com/cgi-bin/tags/members/batchblacklist?access_token=ACCESS_TOKEN。

可通过接口来取消拉黑某些用户,黑名单列表由一串 OpenID 组成。接口 URL 为 https://api.weixin.qq.com/cgi-bin/tags/members/batchunblacklist?access_token=ACCESS_TOKEN。

8.2 进行用户管理的应用开发

视频讲解

8.2.1 创建类 PostAndGetMethodUtil

继续在 7.2 节的基础上进行开发。在包 edu.bookcode.util 中创建类 PostAndGetMethodUtil,代码如例 8-2 所示。

【例 8-2】 类 PostAndGetMethodUtil 的代码示例。

```
package edu.bookcode.util;
import edu.bookcode.service.CommonUtil;
import edu.bookcode.service.TemptTokenUtil;
import edu.bookcode.service.UrlToOtherTypeUtil;
import net.sf.json.JSONObject;
public class PostAndGetMethodUtil {
public static JSONObject post(String url, String postdata) {
            String strPostAPIUrl = url;
            String tokenString = new TemptTokenUtil().getTokenInfo();
            strPostAPIUrl = strPostAPIUrl.replace("ACCESS_TOKEN", tokenString);
```

```
        String data = postdata;
        JSONObject jsonObject = CommonUtil.httpsRequest(strPostAPIUrl, "POST",data);
        System.out.println(jsonObject);
    return jsonObject;
}
    public static JSONObject get(String url) {
    String strPostAPIUrl = url;
    String tokenString = new TemptTokenUtil().getTokenInfo();
    strPostAPIUrl = strPostAPIUrl.replace("ACCESS_TOKEN", tokenString);
    JSONObject jsonObject2 = new JSONObject(UrlToOtherTypeUtil.getTemptURLToken(strPostAPIUrl));
    System.out.println(jsonObject2);
    return jsonObject2;
}
}
```

8.2.2 创建类 UserManageController

在包 edu.bookcode.controller 中创建类 UserManageController，代码如例 8-3 所示。

【例 8-3】 类 UserManageController 的代码示例。

```
package edu.bookcode.controller;
import edu.bookcode.service.CommonUtil;
import edu.bookcode.service.TemptTokenUtil;
import edu.bookcode.util.PostAndGetMethodUtil;
import net.sf.json.JSONObject;
import org.springframework.web.bind.annotation.RequestMapping;
import org.springframework.web.bind.annotation.RestController;
import javax.servlet.http.HttpServletRequest;
import javax.servlet.http.HttpServletResponse;
import java.io.InputStream;
import java.net.URL;
import java.net.URLConnection;
@RestController
public class UserManageController {
 //下面一行是运行本类时的相对地址
 @RequestMapping("/")
    //为了测试方便，在运行其他类时，必须注释掉上一行代码，即修改相对地址
    //并可以去掉下一行代码的注释，修改本类的相对地址
 //@RequestMapping("/testUserManager")
 void testUserManager(HttpServletRequest request, HttpServletResponse response){
      System.out.println("————用户 tag————");
      testUserTags(request,response);
      testGetTags(request,response);
      updateTags(request,response);
      deleteTags(request,response);
      getUsersOfTag(request,response);
      batchtag(request,response);
      System.out.println("————设置用户备注名————");
      setUserRemark(request,response);
```

```
        System.out.println("————获取用户基本信息(包括 UnionID 机制)————");
        getUnionID();
        System.out.println("————获取用户列表————");
        getUsersList();
        System.out.println("————黑名单管理————");
        getBlackNames();
        batchblacklist();
        batchunblacklist();
    }
    private void batchunblacklist() {
        String url = "https://api.weixin.qq.com/cgi-bin/tags/members/batchunblacklist?access_
        token = ACCESS_TOKEN";
        String data = "{\n" +
                    " \"openid_list\":[\"OPENID1\"]\n" +
                     "}";
        data  = data.replace("OPENID1","obKWL6Q6awrcWSKz3LeSmcOYubfc");
        PostAndGetMethodUtil.post(url,data);
    }
    private void batchblacklist() {
            String url = "https://api.weixin.qq.com/cgi-bin/tags/members/batchblacklist?
            access_token = ACCESS_TOKEN";
            String data = "{\n" +
                        " \"openid_list\":[\"OPENID1\"]\n" +
                        "}";
            data  = data.replace("OPENID1","obKWL6Q6awrcWSKz3LeSmcOYubfc");
            PostAndGetMethodUtil.post(url,data);
    }
    private void getBlackNames() {
        String url = "https://api.weixin.qq.com/cgi-bin/tags/members/getblacklist?access_
        token = ACCESS_TOKEN";
        String data = "{\n" +
                    "  \"begin_openid\":\"OPENID1\"\n" +
                    "}";
        data  = data.replace("OPENID1","obKWL6Q6awrcWSKz3LeSmcOYubfc");
        PostAndGetMethodUtil.post(url,data);
    }
    private void getUsersList() {
            String url = "https://api.weixin.qq.com/cgi-bin/user/get?access_token = ACCESS_
            TOKEN&next_openid = NEXT_OPENID";
            url = url.replace("NEXT_OPENID","obKWL6Q6awrcWSKz3LeSmcOYubfc");
            PostAndGetMethodUtil.get(url);
    }
    private void getUnionID() {
        String url = "https://api.weixin.qq.com/cgi-bin/user/info?access_token = ACCESS_
        TOKEN&openid = OPENID&lang = zh_CN";
        url = url.replace("OPENID","obKWL6Q6awrcWSKz3LeSmcOYubfc");
        PostAndGetMethodUtil.get(url);
    }
    private void setUserRemark(HttpServletRequest request, HttpServletResponse response) {
   String url = " https://api.weixin.qq.com/cgi-bin/user/info/updateremark?access_token =
   ACCESS_TOKEN";
```

```
        String data = "{\n" +
                "\t\"openid\":\"obKWL6Q6awrcWSKz3LeSmcOYubfc\",\n" +
                "\t\"remark\":\"谢谢\"\n" +
                "}";
        PostAndGetMethodUtil.post(url,data);
    }
    private void batchtag(HttpServletRequest request, HttpServletResponse response) {
        String url = " https://api.weixin.qq.com/cgi-bin/tags/members/batchtagging?access_
        token = ACCESS_TOKEN";
        String data = "{   \n" +
                "    \"openid_list\" : [   \n" +
                "    \"obKWL6Q6awrcWSKz3LeSmcOYubfc\"     \n" +
                "   ],   \n" +
                "    \"tagid\" : 2\n" +
                " }";
        PostAndGetMethodUtil.post(url,data);
    }
    private void getUsersOfTag(HttpServletRequest request, HttpServletResponse response) {
        String url = " https://api.weixin.qq.com/cgi-bin/user/tag/get?access_token = ACCESS_
        TOKEN";
        String data = "{\"tag\":{\"id\" : 2} } ";
        PostAndGetMethodUtil.post(url,data);
    }
    private void deleteTags(HttpServletRequest request, HttpServletResponse response) {
        String url = "https://api.weixin.qq.com/cgi-bin/tags/delete?access_token = ACCESS_
        TOKEN";
        String data = "{\"tag\":{\"id\" : 101} } ";
        PostAndGetMethodUtil.post(url,data);
    }
    private void updateTags(HttpServletRequest request, HttpServletResponse response) {
        String url = "https://api.weixin.qq.com/cgi-bin/tags/update?access_token = ACCESS_
        TOKEN";
        String data = "{\"tag\" : {\"id\" : 101,\"name\" : \"广东人\"} } ";
        PostAndGetMethodUtil.post(url,data);
    }
    private void testGetTags(HttpServletRequest request, HttpServletResponse response) {
        String strPostAPIUrl  =  "https://api.weixin.qq.com/cgi-bin/tags/get?access_token =
        ACCESS_TOKEN";
        String tokenString  =  new TemptTokenUtil().getTokenInfo();
        strPostAPIUrl  =  strPostAPIUrl.replace("ACCESS_TOKEN", tokenString);
        JSONObject jsonObject2  =  new JSONObject(getTemptURLToken(strPostAPIUrl));
        System.out.println(jsonObject2);
    }
    String getTemptURLToken(String url)   {
        try {
            URL urlObj  =  new URL(url);
            URLConnection urlConnection  =  urlObj.openConnection();
            InputStream inputStream = urlConnection.getInputStream();
            byte[] bytes  =  new byte[1024];
            int len;
            StringBuilder stringBuilder  =  new StringBuilder();
```

```
            while ((len = inputStream.read(bytes) )!= - 1){
                stringBuilder.append(new String(bytes, 0, len));
            }
            return stringBuilder.toString();
        } catch (Exception e) {
            e.printStackTrace();
        }
        return null;
    }
    private void testUserTags(HttpServletRequest request, HttpServletResponse response) {
        String strPostAPIUrl = " https://api.weixin.qq.com/cgi - bin/tags/create?access_token =
        ACCESS_TOKEN";
        String tokenString = new TemptTokenUtil().getTokenInfo();
        strPostAPIUrl = strPostAPIUrl.replace("ACCESS_TOKEN", tokenString);
        String data = "{\"tag\":{ \"name\":\"徐州\" } }";     //id 从 100 开始,name 不要重复
        JSONObject jsonObject = CommonUtil.httpsRequest(strPostAPIUrl, "POST",data);
        System.out.println(jsonObject);
    }
}
```

8.2.3 运行程序

启动内网穿透工具后,按照例 7-2 中注释给出的提示修改 ResourceManageController 的相对地址,并再次运行项目入口类 WxgzptkfbookApplication。

在工具 Postman 的 URL 中输入 http://localhost: 8080/,选择 POST 方法成功运行程序后,控制台中的输出如例 8-4 所示。

【例 8-4】 控制台的输出示例。

```
————用户 tag————
{"errcode":45157,"errmsg":"invalid tag name hint: [DklCEMuhE - QKRfMa] rid: 60d33235 -
142281a3 - 010b1d4b"}
{"tags":[{"name":"星标组","count":0,"id":2},{"name":"江西","count":0,"id":102},{"name":
"江苏","count":0,"id":103},{"name":"江苏人","count":0,"id":104},{"name":"徐州","count":
0,"id":105}]}
{"errcode":0,"errmsg":"ok"}
{"errcode":0,"errmsg":"ok"}
{"data":{"openid":["obKWL6Q6awrcWSKz3LeSmcOYubfc","obKWL6fQrQ1qVM8UUMvFL_T3nIQ4"]},
"count":2,"next_openid":"obKWL6fQrQ1qVM8UUMvFL_T3nIQ4"}
{"errcode":0,"errmsg":"ok"}
————设置用户备注名————
{"errcode":0,"errmsg":"ok"}
————获取用户基本信息(包括 UnionID 机制)————
{"country":"中国","qr_scene": 0,"subscribe": 1,"city":"徐州","openid":
"obKWL6Q6awrcWSKz3LeSmcOYubfc","tagid_list":[2],"sex":1,"groupid":2,"language":"zh_CN",
"remark":"谢谢","subscribe_time":1623552502,"province":"江苏","subscribe_scene":"ADD_
SCENE_QR_CODE","nickname":"心平气和知足常乐","headimgurl":"http://thirdwx.qlogo.cn/
mmopen/iaXe75RcnpKT6hP7W5YcvFicDWru8j23sh1vI1VZc3kkoP8Ipurezvj2knXIePhItwIGdTVXcQibRiaotkz
mgGQQw81XNKGSPOuic/132","qr_scene_str":""}
```

```
————获取用户列表————
{"total":2,"data":{"openid":["obKWL6fQrQ1qVM8UUMvFL_T3nIQ4"]},"count":1,"next_openid":
"obKWL6fQrQ1qVM8UUMvFL_T3nIQ4"}
————黑名单管理————
{"total":0,"count":0}
{"errcode":0,"errmsg":"ok"}
{"errcode":0,"errmsg":"ok"}
```

习题 8

简答题

简述对用户管理接口的理解。

实验题

实现一个实例，调用用户管理接口。

第9章

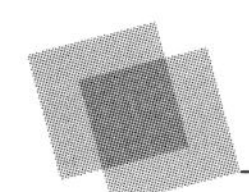

账号管理的应用开发

为了满足用户渠道推广分析和用户账号绑定等场景的需要，微信公众平台提供了生成带参数微信二维码的接口。本章先介绍生成带参数二维码及其相关接口，再介绍如何进行账号管理的应用开发。

9.1 说明

9.1.1 生成带参数的二维码

使用微信公众平台提供的带参数微信二维码（简称二维码）的接口可以获得多个带不同场景值的二维码，用户扫描后，公众号可以接收到事件推送。

目前有两类二维码：一类是临时二维码，最长可以设置为在二维码生成后的30天后过期，但能够生成的数量较多；另一类是永久二维码，无过期时间，但数量受限（至2022年最多为10万个）。永久二维码主要适用于账号绑定、用户来源统计等场景。

用户扫描带场景值二维码时，可能推送以下两种事件：如果还未关注公众号，则用户可以关注公众号，关注后微信会将带场景值关注事件推送给开发者。如果已经关注公众号，在用户扫描后会自动进入会话，微信也会将带场景值扫描事件推送给开发者。

9.1.2 相关接口

获取带参数的二维码的方法：首先创建二维码 ticket，然后凭借 ticket 到指定 URL 换取二维码。每次创建二维码 ticket 需要提供一个开发者自行设定的参数（scene_id），参数 scene_id 表示场景值 ID。获取二维码 ticket 后，开发者可用 ticket 换取二维码图片。接口

URL 为 https://mp.weixin.qq.com/cgi-bin/showqrcode?ticket=TICKET。在 ticket 正确的情况下，HTTP 返回码是 200，返回的二维码是一张图片，可以直接展示或者下载。注意，TICKET 值需要进行加密(UrlEncode)。

临时二维码请求接口 URL 为 https://api.weixin.qq.com/cgi-bin/qrcode/create?access_token=ACCESS_TOKEN。

永久二维码请求接口 URL 为 https://api.weixin.qq.com/cgi-bin/qrcode/create?access_token=ACCESS_TOKEN。请求参数 expire_seconds 表示二维码有效时间以秒为单位。参数 action_name 表示二维码类型，QR_SCENE 为临时整型参数值，QR_STR_SCENE 为临时字符串参数值，QR_LIMIT_SCENE 为永久整型参数值，QR_LIMIT_STR_SCENE 为永久字符串参数值。参数 action_info 表示二维码详细信息。参数 scene_id 表示场景值 ID，临时二维码时为 32 位非 0 整型值。scene_str 表示场景值 ID(字符串形式的 ID)，为字符串类型，长度限制为 1～64。

视频讲解

9.2 二维码的应用开发

9.2.1 创建类 WeixinQRCode

继续在 8.2 节的基础上进行开发。在包 edu.bookcode.entity 中创建类 WeixinQRCode，代码如例 9-1 所示。

【例 9-1】 类 WeixinQRCode 的代码示例。

```
package edu.bookcode.entity;
import lombok.Data;
@Data
public class WeixinQRCode {
 //获取的二维码 ticket
 private String ticket;
 //二维码的有效时间,单位为秒,最大不超过 1800
 private int expireSeconds;
}
```

9.2.2 创建类 EncodeUtil

在包 edu.bookcode.service 中创建类 EncodeUtil，代码如例 9-2 所示。

【例 9-2】 类 EncodeUtil 的代码示例。

```
package edu.bookcode.service;
import java.io.UnsupportedEncodingException;
import java.net.URLEncoder;
import java.util.Map;
public class EncodeUtil {
 public static String urlEncodeUTF8(String source) {
      String result = source;
```

```
        try {
            result = URLEncoder.encode(source, "utf-8");
        } catch (UnsupportedEncodingException e) {
            e.printStackTrace();
        }
        return result;
    }
    public static String urlencode(Map<String, Object> params) {
        StringBuilder sb = new StringBuilder();
        for (Map.Entry<String, ?> i : params.entrySet()) {
            try {
                sb.append(i.getKey()).append("=").append(URLEncoder.encode(i.getValue() +
                "", "UTF-8")).append("&");
            } catch (UnsupportedEncodingException e) {
                e.printStackTrace();
            }
        }
        String result = sb.toString();
        result = result.substring(0, result.lastIndexOf("&"));
        return result;
    }
}
```

9.2.3 创建类 AccountManageController

在包 edu.bookcode.controller 中创建类 AccountManageController，代码如例 9-3 所示。

【例 9-3】 类 AccountManageController 的代码示例。

```
package edu.bookcode.controller;
import edu.bookcode.entity.WeixinQRCode;
import edu.bookcode.service.EncodeUtil;
import edu.bookcode.util.PostAndGetMethodUtil;
import net.sf.json.JSONObject;
import org.springframework.web.bind.annotation.RequestMapping;
import org.springframework.web.bind.annotation.RestController;
import javax.net.ssl.HttpsURLConnection;
import javax.servlet.http.HttpServletRequest;
import javax.servlet.http.HttpServletResponse;
import java.io.BufferedInputStream;
import java.io.File;
import java.io.FileOutputStream;
import java.net.URL;
@RestController
public class AccountManageController {
 //下面一行是运行本类时的相对地址
@RequestMapping("/")
//为了测试方便，在运行其他类时，必须注释掉上一行代码，即修改相对地址
//并可以去掉下一行代码的注释，修改本类的相对地址
 //@RequestMapping("/testAccountManage")
 void testAccountManage(HttpServletRequest request, HttpServletResponse response) {
     System.out.println("————得到二维码————");
```

```
        WeixinQRCode weixinQRCode1 = createTemptTicket1();
        WeixinQRCode weixinQRCode2 = createTemptTicket2();    //字符串
        System.out.println("————得到二维码字符串————");
        String weixinQRCode3 = createForeverTicket1();
        String weixinQRCode4 = createForeverTicket2();
        String filePath1 = showqrcode(weixinQRCode1.getTicket(), "d:/postman/qrcode");
        String filePath2 = showqrcode(weixinQRCode2.getTicket(), "d:/postman/qrcode");
        String filePath3 = showqrcode(weixinQRCode3, "d:/postman/qrcode");
        String filePath4 = showqrcode(weixinQRCode4, "d:/postman/qrcode");
        System.out.println("————得到文件路径————");
        System.out.println(filePath1);
        System.out.println(filePath2);
        System.out.println(filePath3);
        System.out.println(filePath4);
    }
    private String showqrcode(String ticket, String savePath) {
        String url = "https://mp.weixin.qq.com/cgi-bin/showqrcode?ticket=TICKET";
        String strPostAPIUrl = url;
        String ticketString = EncodeUtil.urlEncodeUTF8(ticket);  //进行 UrlEncode 加密
        strPostAPIUrl = strPostAPIUrl.replace("TICKET", ticketString);
        String filePath;
        try {
            URL url2 = new URL(strPostAPIUrl);
            HttpsURLConnection conn = (HttpsURLConnection) url2.openConnection();
            conn.setDoInput(true);
            conn.setRequestMethod("GET");
            if (!savePath.endsWith("/")) {
                savePath += "/";
            }
            filePath = savePath + ticket + ".jpg";
            //将微信服务器返回的输入流写入文件
            BufferedInputStream bis = new BufferedInputStream(conn.getInputStream());
            FileOutputStream fos = new FileOutputStream(new File(filePath));
            byte[] buf = new byte[8096];
            int size = 0;
            while ((size = bis.read(buf)) != -1)
                fos.write(buf, 0, size);
            fos.close();
            bis.close();
            conn.disconnect();
            System.out.println("根据 ticket 换取二维码成功,filePath=" + filePath);
        } catch (Exception e) {
            filePath = null;
            System.out.println("根据 ticket 换取二维码失败:{" + e + "}");
        }
        return filePath;
    }
    private String createForeverTicket2() {
        String data = " {\"action_name\": \"QR_LIMIT_STR_SCENE\", \"action_info\": {\"scene
\": {\"scene_str\": \"test\"}}}";
        String ticket = createLongtimeTicket(data);
        return ticket;
    }
    private String createForeverTicket1() {
```

```
        String data = "{\"action_name\": \"QR_LIMIT_SCENE\", \"action_info\": {\"scene\":
        {\"scene_id\": 123}}}";
        String ticket = createLongtimeTicket(data);
        return ticket;
    }
    String createLongtimeTicket(String data){
        String ticket = null;
        String url = "https://api.weixin.qq.com/cgi-bin/qrcode/create?access_token=ACCESS_
        TOKEN";
        JSONObject jsonObject = PostAndGetMethodUtil.post(url,data);
        if (null != jsonObject) {
            try {
                ticket = jsonObject.getString("ticket");
                System.out.println("创建永久带参二维码成功 ticket:{" + ticket + "}");
            } catch (Exception e) {
                int errorCode = jsonObject.getInt("errcode");
                String errorMsg = jsonObject.getString("errmsg");
                System.out.println("创建永久带参二维码失败 errcode:{" + errorCode + "}
                errmsg:{" + errorMsg + "}");
            }
        }
        return ticket;
    }
    private WeixinQRCode createTemptTicket2() {
        String data = "{\"expire_seconds\": 604800, \"action_name\": \"QR_STR_SCENE\",
        \"action_info\": {\"scene\": {\"scene_str\": \"test\"}}}";
        WeixinQRCode weixinQRCode = createTicket(data);
        return weixinQRCode;
    }
    private WeixinQRCode createTemptTicket1() {
        String data = "{\"expire_seconds\": 604800, \"action_name\": \"QR_SCENE\", \"action_
        info\": {\"scene\": {\"scene_id\": 1211}}} ";
        WeixinQRCode weixinQRCode = createTicket(data);
        return weixinQRCode;
    }
    WeixinQRCode createTicket(String data) {
        WeixinQRCode weixinQRCode = null;
        //注意,与官方文档略有差异
        String url = "https://api.weixin.qq.com/cgi-bin/qrcode/create?access_token=ACCESS_
        TOKEN";
        JSONObject jsonObject = PostAndGetMethodUtil.post(url,data);
        if (null != jsonObject) {
            try {
                weixinQRCode = new WeixinQRCode();
                weixinQRCode.setTicket(jsonObject.getString("ticket"));
                weixinQRCode.setExpireSeconds(jsonObject.getInt("expire_seconds"));
                System.out.println("创建临时带参二维码成功 ticket:{" + weixinQRCode.
                getTicket() + "} expire_seconds:{" + weixinQRCode.getExpireSeconds() + "}");
            } catch (Exception e) {
                weixinQRCode = null;
                System.out.println(jsonObject);
                System.out.println("创建临时带参二维码失败。");
            }
        }
```

```
        return weixinQRCode;
    }
}
```

9.2.4 运行程序

启动内网穿透工具后，按照例 8-3 中注释给出的提示修改 UserManageController 的相对地址，并再次运行项目入口类 WxgzptkfbookApplication。

在工具 Postman 的 URL 中输入 http://localhost: 8080/，选择 POST 方法成功运行程序后，控制台中的输出如例 9-4 所示。

【例 9-4】 控制台中的输出示例。

```
————得到二维码————
创建临时带参二维码成功 ticket:{gQFR8DwAAAAAAAAAAAS5odHRw0i8vd2VpeGluLnFxLmNvbS9xLzAyRnBIQU
JySUJ1YkYxU2dLc053MXQAAgQQNNNgAwSAOgkA} expire_seconds:{604800}
创建临时带参二维码成功 ticket:{gQH87zwAAAAAAAAAAAS5odHRw0i8vd2VpeGluLnFxLmNvbS9xLzAyQmpPb0
JCSUJ1YkYxU2hLc3h3Y3AAAgQRNNNgAwSAOgkA} expire_seconds:{604800}
————得到二维码字符串————
创建永久带参二维码成功 ticket:{gQEc8jwAAAAAAAAAAAS5odHRw0i8vd2VpeGluLnFxLmNvbS9xLzAyNURFX0
JiSUJ1YkYxMDAwMDAwMy0AAgSoS7BgAwQAAAAA}
创建永久带参二维码成功 ticket:{gQEI8TwAAAAAAAAAAAS5odHRw0i8vd2VpeGluLnFxLmNvbS9xLzAyT0JOcU
FPSUJ1YkYxMDAwME0wN0QAAgRkTLBgAwQAAAAA}
根据 ticket 换取二维码成功,filePath = d:/postman/qrcode/gQFR8DwAAAAAAAAAAAS5odHRw0i8vd2VpeGl
uLnFxLmNvbS9xLzAyRnBIQUJySUJ1YkYxU2dLc053MXQAAgQQNNNgAwSAOgkA.jpg
根据 ticket 换取二维码成功,filePath = d:/postman/qrcode/gQH87zwAAAAAAAAAAAS5odHRw0i8vd2VpeGl
uLnFxLmNvbS9xLzAyQmpPb0JCSUJ1YkYxU2hLc3h3Y3AAAgQRNNNgAwSAOgkA.jpg
根据 ticket 换取二维码成功,filePath = d:/postman/qrcode/gQEc8jwAAAAAAAAAAAS5odHRw0i8vd2VpeGl
uLnFxLmNvbS9xLzAyNURFX0JiSUJ1YkYxMDAwMDAwMy0AAgSoS7BgAwQAAAAA.jpg
根据 ticket 换取二维码成功,filePath = d:/postman/qrcode/gQEI8TwAAAAAAAAAAAS5odHRw0i8vd2VpeGl
uLnFxLmNvbS9xLzAyT0JOcUFPSUJ1YkYxMDAwME0wN0QAAgRkTLBgAwQAAAAA.jpg
————得到文件路径————
d:/postman/qrcode/gQFR8DwAAAAAAAAAAAS5odHRw0i8vd2VpeGluLnFxLmNvbS9xLzAyRnBIQUJySUJ1YkYxU2dL
c053MXQAAgQQNNNgAwSAOgkA.jpg
d:/postman/qrcode/gQH87zwAAAAAAAAAAAS5odHRw0i8vd2VpeGluLnFxLmNvbS9xLzAyQmpPb0JCSUJ1YkYxU2hL
c3h3Y3AAAgQRNNNgAwSAOgkA.jpg
d:/postman/qrcode/gQEc8jwAAAAAAAAAAAS5odHRw0i8vd2VpeGluLnFxLmNvbS9xLzAyNURFX0JiSUJ1YkYxMDAw
MDAwMy0AAgSoS7BgAwQAAAAA.jpg
d:/postman/qrcode/gQEI8TwAAAAAAAAAAAS5odHRw0i8vd2VpeGluLnFxLmNvbS9xLzAyT0JOcUFPSUJ1YkYxMDAw
ME0wN0QAAgRkTLBgAwQAAAAA.jpg
```

习题 9

简答题

简述对账号管理接口的理解。

实验题

实现一个实例，调用账号管理接口。

第三部分　综合篇

第10章　微信网页开发

第11章　智能接口的应用开发

第12章　与第三方API的整合开发

第13章　与微信其他技术的整合开发

第14章　微信公众号框架的应用开发

第15章　案例——开发一个简易的个人微信公众号

第10章

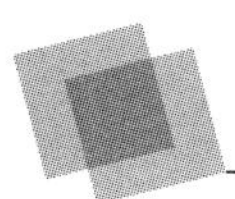

微信网页开发

本章先简要介绍网页授权和 JS-SDK，再结合示例介绍在微信公众平台中如何进行网页授权和 JS-SDK 的应用开发等内容。

10.1 说明

10.1.1 网页授权

如果用户在微信客户端中访问第三方网页，公众号可以通过微信网页授权机制来获取用户基本信息，进而实现业务逻辑。获取用户基本信息接口是在用户和公众号产生消息交互或关注后事件推送后，根据用户的 OpenID 来获取用户基本信息的。

在公众号请求用户网页授权之前，需要先在公众号管理后台的“网页授权获取用户基本信息”的配置选项中，修改授权回调域名。还需要设置 JS 接口安全域名。注意，这里填写的都是域名而不是 URL，即不包括 http://等协议头，如图 10-1 所示。

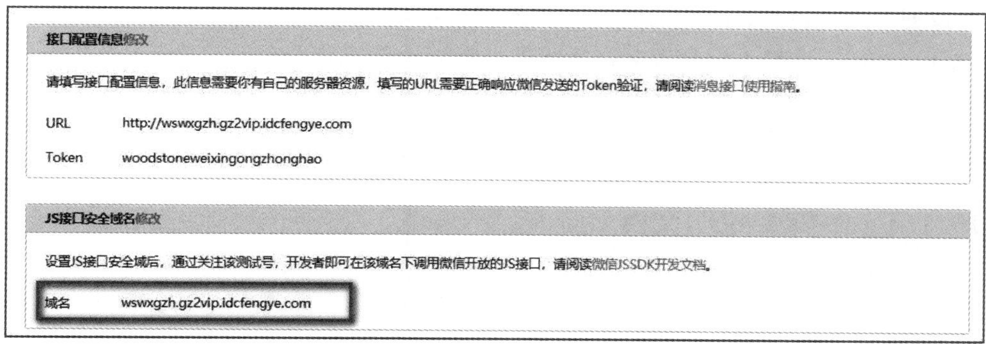

图 10-1　网页授权 JS 接口安全域名示例

授权回调域名配置规范为全域名(如 www.qq.com),配置以后此域名下面的页面(如 http://www.qq.com/music.html、http://www.qq.com/login.html)都可以进行 OAuth2.0 鉴权。如果公众号登录授权给了第三方开发者来进行管理,则不必做任何设置,由第三方代替公众号实现网页授权即可。

网页授权流程包括:首先,引导用户进入授权页面同意授权,获取 code。接着,通过 code 换取网页授权 access_token(与基础 API 的 access_token 不同)。如果需要,开发者可以刷新网页授权 access_token,避免过期。再通过网页授权 access_token 和 OpenID 获取用户基本信息(需 scope 为 snsapi_userinfo,支持 UnionID 机制)。

微信网页授权是通过 OAuth2.0 机制实现的,在用户授权给公众号后,公众号可以获取一个网页授权特有的接口调用凭证(网页授权 access_token),通过网页授权 access_token 可以进行授权后接口调用,如获取用户基本信息。网页授权获取用户基本信息也遵循 UnionID 机制。即如果开发者有在多个公众号,或在公众号、移动应用之间统一用户账号的需求,需要前往微信开放平台(open.weixin.qq.com)绑定公众号后,才可利用 UnionID 机制来满足上述需求。同一用户对同一个微信开放平台下的不同应用(移动应用、网站应用和公众账号),UnionID 是相同的。

以 snsapi_base(不弹出授权页面,直接跳转)为作用域(scope)发起的网页授权,是用来获取进入页面的用户的 OpenID,并且是静默授权并自动跳转到回调页的。用户感知的就是直接进入了回调页(往往是业务页面)。

以 snsapi_userinfo(弹出授权页面,即使是在未关注的情况下只要用户授权也能获取其信息)为 scope 发起的网页授权,是用来获取用户的基本信息的。这种授权需要用户手动同意,由于用户同意过,因此无须关注就可在授权后获取该用户的基本信息。对于已关注公众号的用户,如果用户从公众号的会话或者自定义菜单进入本公众号的网页授权页,即使是 scope 为 snsapi_userinfo,也是静默授权,用户无感知。

10.1.2 接口

在确保微信公众账号拥有授权作用域的权限的前提下,引导用户打开 https://open.weixin.qq.com/connect/oauth2/authorize?appid=AppID&redirect_uri=REDIRECT_URI&response_type=code&scope=SCOPE&state=STATE#wechat_redirect。redirect_uri 是授权后重定向的回调链接地址,需要对链接进行加密(urlEncode)处理。response_type 是返回类型,填写 code。scope 是应用授权作用域,有 snsapi_base 和 snsapi_userinfo。#wechat_redirect 说明无论是直接打开还是做页面 302 重定向时,必须带此参数。若提示"该链接无法访问",应检查参数是否填写错误、是否拥有 scope 参数对应的授权作用域权限。

10.1.3 JS-SDK 说明文档

微信 JS-SDK 是微信公众平台面向网页开发者提供的基于微信内的网页开发工具包。JS-SDK 包括基础接口、分享接口、图像接口、音频接口、智能接口、设备信息接口、地理位置

接口、摇一摇周边接口、界面操作接口、微信扫一扫接口、微信小商店、微信卡券、微信支付等接口，为微信用户提供更优质的网页体验。

JS-SDK 使用之前要通过 http://res.wx.qq.com/open/js/jweixin-1.6.0.js 或者 http://res2.wx.qq.com/open/js/jweixin-1.6.0.js(版本号可能会改变)引入文件。通过 config 接口注入权限验证配置。通过 ready 接口处理成功验证。通过 error 接口处理失败验证。

jsapi_ticket 是公众号用于调用微信 JS-SDK 接口的临时凭据。正常情况下，jsapi_ticket 的有效期为 7200s，通过 access_token 来获取。由于频繁刷新 jsapi_ticket 会导致 API 调用受限而影响自身业务，可以缓存 jsapi_ticket。

通过 https://api.weixin.qq.com/cgi-bin/ticket/getticket?access_token=ACCESS_TOKEN&type=jsapi 获得 jsapi_ticket 之后，就可以生成 JS-SDK 权限验证的签名。

参与签名的字段包括随机字符串 noncestr、有效的 jsapi_ticket、时间戳 timestamp 和 url(当前网页的 URL)。对所有待签名参数按照字段名的 ASCII 码从小到大排序(字典序)后，使用 URL 键值对的格式(即 key1=value1&key2=value2&key3…)拼接成字符串 string1。这里需要注意的是，所有参数名均为小写字符。对 string1 作 sha1 加密得到签名 signature，字段名和字段值都采用原始值，不进行 URL 转义。

10.2　OAuth2.0 网页授权的应用开发

视频讲解

10.2.1　创建类 SNSUserInfo

继续在 9.2 节的基础上进行开发。在包 edu.bookcode 中创建 exofuser 子包，并在包 edu.bookcode.exofuser 中创建 entity 子包，在包 edu.bookcode.exofuser.entity 中创建类 SNSUserInfo，代码如例 10-1 所示。

【例 10-1】　类 SNSUserInfo 的代码示例。

```
package edu.bookcode.exofuser.entity;
import lombok.Data;
import java.util.List;
@Data
public class SNSUserInfo {
 private String openId;
 private String nickname;
 private int sex;
 private String country;
 private String province;
 private String city;
 private String headImgUrl;
 private List < String > privilegeList;
}
```

10.2.2　创建类 WeixinOauth2Token

在包 edu.bookcode.exofuser.entity 中创建类 WeixinOauth2Token，代码如例 10-2

所示。

【例 10-2】 类 WeixinOauth2Token 的代码示例。

```
package edu.bookcode.exofuser.entity;
import lombok.Data;
@Data
public class WeixinOauth2Token {
 private String accessToken;              //网页授权接口调用凭证
 private int expiresIn;                   //凭证有效时长
 private String refreshToken;             //用于刷新凭证
 private String openId;                   //用户标识
 private String scope;                    //用户授权作用域
}
```

10.2.3 创建类 OAuth2Util

在包 edu.bookcode.exofuser 中创建 util 子包，在包 edu.bookcode.exofuser.util 中创建类 OAuth2Util，代码如例 10-3 所示。

【例 10-3】 类 OAuth2Util 的代码示例。

```
package edu.bookcode.exofuser.util;
import edu.bookcode.exofuser.entity.SNSUserInfo;
import edu.bookcode.exofuser.entity.WeixinOauth2Token;
import edu.bookcode.service.CommonUtil;
import net.sf.json.JSONArray;
import net.sf.json.JSONObject;
public class OAuth2Util {
 //获取网页授权凭证
 public static WeixinOauth2Token getOauth2AccessToken(String appId, String appSecret, String
code) {
      WeixinOauth2Token wat = null;
      String requestUrl = "https://api.weixin.qq.com/sns/oauth2/access_token?appid =
AppID&secret = SECRET&code = CODE&grant_type = authorization_code";
      requestUrl = requestUrl.replace("AppID", appId);
      requestUrl = requestUrl.replace("SECRET", appSecret);
      requestUrl = requestUrl.replace("CODE", code);
      JSONObject jsonObject = CommonUtil.httpsRequest(requestUrl, "GET", null);
      if (null != jsonObject) {
           try {
                wat = new WeixinOauth2Token();
                wat.setAccessToken(jsonObject.getString("access_token"));
                wat.setExpiresIn(jsonObject.getInt("expires_in"));
                wat.setRefreshToken(jsonObject.getString("refresh_token"));
                wat.setOpenId(jsonObject.getString("openid"));
                wat.setScope(jsonObject.getString("scope"));
           } catch (Exception e) {
                wat = null;
                int errorCode = jsonObject.getInt("errcode");
                String errorMsg = jsonObject.getString("errmsg");
```

```
            System.out.println("获取网页授权凭证失败 errcode:{" + errorCode + "} errmsg:
            {" + errorMsg + "}");
            }
        }
        return wat;
}
//刷新网页授权凭证
public static WeixinOauth2Token refreshOauth2AccessToken(String appId, String refreshToken) {
        WeixinOauth2Token wat = null;
        String requestUrl = "https://api.weixin.qq.com/sns/oauth2/refresh_token?appid =
        AppID&grant_type = refresh_token&refresh_token = REFRESH_TOKEN";
        requestUrl = requestUrl.replace("AppID", appId);
        requestUrl = requestUrl.replace("REFRESH_TOKEN", refreshToken);
        JSONObject jsonObject = CommonUtil.httpsRequest(requestUrl, "GET", null);
        if (null != jsonObject) {
            try {
                wat = new WeixinOauth2Token();
                wat.setAccessToken(jsonObject.getString("access_token"));
                wat.setExpiresIn(jsonObject.getInt("expires_in"));
                wat.setRefreshToken(jsonObject.getString("refresh_token"));
                wat.setOpenId(jsonObject.getString("openid"));
                wat.setScope(jsonObject.getString("scope"));
            } catch (Exception e) {
                wat = null;
                int errorCode = jsonObject.getInt("errcode");
                String errorMsg = jsonObject.getString("errmsg");
System.out.println("刷新网页授权凭证失败 errcode:{" + errorCode + "} errmsg:{" + errorMsg + "}");
            }
        }
        return wat;
}
//通过网页授权获取用户信息
public static SNSUserInfo getSNSUserInfo(String accessToken, String openId) {
        SNSUserInfo snsUserInfo = null;
        String requestUrl = "https://api.weixin.qq.com/sns/userinfo?access_token = ACCESS_
        TOKEN&openid = OPENID";
        requestUrl = requestUrl.replace("ACCESS_TOKEN", accessToken).replace("OPENID", openId);
        JSONObject jsonObject = CommonUtil.httpsRequest(requestUrl, "GET", null);
        if (null != jsonObject) {
            try {
                snsUserInfo = new SNSUserInfo();
                snsUserInfo.setOpenId(jsonObject.getString("openid"));
                snsUserInfo.setNickname(jsonObject.getString("nickname"));
                snsUserInfo.setSex(jsonObject.getInt("sex"));
                snsUserInfo.setCountry(jsonObject.getString("country"));
                snsUserInfo.setProvince(jsonObject.getString("province"));
                snsUserInfo.setCity(jsonObject.getString("city"));
                snsUserInfo.setHeadImgUrl(jsonObject.getString("headimgurl"));
snsUserInfo.setPrivilegeList(JSONArray.toList(jsonObject.getJSONArray("privilege")));
            } catch (Exception e) {
                snsUserInfo = null;
```

```
                int errorCode = jsonObject.getInt("errcode");
                String errorMsg = jsonObject.getString("errmsg");
System.out.println("获取用户信息失败 errcode:{" + errorCode + "} errmsg:{" + errorMsg + "}");
            }
        }
        return snsUserInfo;
    }
}
```

10.2.4 创建类 OAuth2Controller

在包 edu.bookcode.exofuser 中创建 controller 子包，在包 edu.bookcode.exofuser.controller 中创建类 OAuth2Controller，代码如例 10-4 所示。

【例 10-4】 类 OAuth2Controller 的代码示例。

```
package edu.bookcode.exofuser.controller;
import edu.bookcode.exofuser.entity.SNSUserInfo;
import edu.bookcode.exofuser.entity.WeixinOauth2Token;
import edu.bookcode.exofuser.util.OAuth2Util;
import edu.bookcode.message.TextMessageReceive;
import edu.bookcode.service.EncodeUtil;
import edu.bookcode.util.MessageTemplateUtil;
import edu.bookcode.util.OutAndSendUtil;
import edu.bookcode.util.ProcessToMapUtil;
import org.springframework.stereotype.Controller;
import org.springframework.ui.Model;
import org.springframework.web.bind.annotation.RequestMapping;
import org.springframework.web.bind.annotation.ResponseBody;
import javax.servlet.http.HttpServletRequest;
import javax.servlet.http.HttpServletResponse;
import java.io.UnsupportedEncodingException;
import java.util.Date;
import java.util.Map;
//注意，此处不是@RestController
@Controller
public class OAuth2Controller {
//下面一行是运行本类时的相对地址
@RequestMapping("/")
//为了测试方便，在运行其他类时，必须注释掉上一行代码，即修改相对地址
//并可以去掉下一行代码的注释，修改本类的相对地址
//@RequestMapping("/testOAuth2")
 @ResponseBody
void testOAuth2(HttpServletRequest request, HttpServletResponse response) throws
UnsupportedEncodingException {
        request.setCharacterEncoding("utf-8");
        response.setCharacterEncoding("utf-8");
        Map<String, String> message = ProcessToMapUtil.requestToMap(request);
        TextMessageReceive textMessage = new TextMessageReceive();
        textMessage.setToUserName(message.get("ToUserName"));
```

```
        textMessage.setFromUserName(message.get("FromUserName"));
        textMessage.setCreateTime(new Date().getTime());
        textMessage.setMsgType("text");
        String linkUrl = checkOAuth("http://wswxgzh.gz2vip.idcfengye.com/user");
                                                                //改成读者自己的 URL
        linkUrl = linkUrl.replace("&","&amp;");
        textMessage.setContent(linkUrl);
        String xml = MessageTemplateUtil.textMessageToXML(textMessage);
        System.out.println(xml);           //在控制台的输出链接,提示在微信客户端打开链接
        //在微信客户端可以直接单击链接
        OutAndSendUtil.sendMessageToWXAppClient(xml, response);
    }
    private String checkOAuth(String gotoUrl) {
        String url = "https://open.weixin.qq.com/connect/oauth2/authorize?appid = AppID&redirect_
uri = REDIRECT_URI&response_type = code&scope = SCOPE#wechat_redirect";
        url = url.replace("AppID","wxd2f278459c83a8e2");
        url = url.replace("REDIRECT_URI",createCode(gotoUrl));
        url = url.replace("SCOPE","snsapi_userinfo");
        return url;
    }
    private String createCode(String url) {
        String code = EncodeUtil.urlEncodeUTF8(url);
        System.out.println(code);
        return code;
    }
    //下面一行是运行本类时的相对地址
    @RequestMapping("/user")
    //为了测试方便,在运行其他类时,相对地址改成下一行中的相对地址,且注释掉上一行中的地址
    //@RequestMapping("/testUser")
    String user(HttpServletRequest request, HttpServletResponse response, Model model) {
        //用户同意授权
        String code = request.getParameter("code");
        if (!"authdeny".equals(code)) {
            WeixinOauth2Token weixinOauth2Token =
                        OAuth2Util.getOauth2AccessToken("wxd2f278459c83a8e2",
                        "b62a858ebe3ab2238a4eaaf423369cef", code);
            String accessToken = weixinOauth2Token.getAccessToken();
            String openId = weixinOauth2Token.getOpenId();
            System.out.println("accessToken: " + accessToken);
            System.out.println("openId: " + openId);
            SNSUserInfo snsUserInfo = OAuth2Util.getSNSUserInfo(accessToken, openId);
            System.out.println(snsUserInfo.toString());
            //保存用户相关信息,以便于网页访问
            model.addAttribute("user", snsUserInfo);
        }
        return "user";                      //此处对应的是网页
    }
}
```

10.2.5　创建文件 user.html

在项目 src\main\resources\templates 目录下创建文件 user.html,文件 user.html 的

代码如例 10-5 所示。

【例 10-5】 文件 user. html 的代码示例。

```
<!DOCTYPE html>
<html lang="en">
<head>
    <meta charset="UTF-8">
    <title>Title</title>
</head>
<body>
<h1 align="center">欢迎您!</h1>
<h2 align="center">你好,<span th:text="${user.nickname}"/>
<br>
<img align="center" th:src="${user.headImgUrl}"/>
<h2 align="center">地址:中国江苏省徐州市</h2>
</h2>
</body>
</html>
```

10.2.6 运行程序

启动内网穿透工具后,按照例 9-3 中注释给出的提示修改 AccountManageController 的相对地址,并再次运行项目入口类 WxgzptkfbookApplication。

在手机微信公众号中输入文本(如“你好”),在手机微信公众号中显示一个访问权限的链接,如图 10-2 所示。单击图 10-2 中的链接后,跳转到相应的页面(user. html),如图 10-3 所示。控制台中的输出消息如例 10-6 所示。

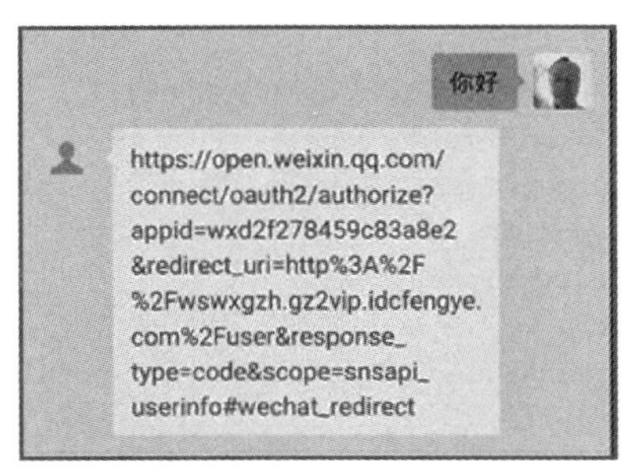

图 10-2 在手机微信公众号中输入文本(如“你好”)后显示一个访问权限的链接

图 10-3 单击图 10-2 中的链接后跳转到相应的页面(user. html)的结果

【例 10-6】 控制台中的输出消息的示例。

```
http%3A%2F%2Fwswxgzh.gz2vip.idcfengye.com%2Fuser
<xml><ToUserName>obKWL6Q6awrcWSKz3LeSmcOYubfc</ToUserName><FromUserName>gh_0acb8bcc8eef
</FromUserName><CreateTime>1624519300556</CreateTime><MsgType>text</MsgType><Content>
https://open.weixin.qq.com/connect/oauth2/authorize?appid=wxd2f278459c83a8e2&amp;redirect_uri=
http%3A%2F%2Fwswxgzh.gz2vip.idcfengye.com%2Fuser&amp;response_type=code&amp;scope=
```

```
snsapi_userinfo#wechat_redirect</Content></xml>
accessToken: 46_UGkWTbJtSn3lKaBLEecFXoY4M-52EThAzFn6uaIBigRpxNNnNXullHmpOAjXmr-l6tGlaP3-
8x26kEcr51MuAEblJTHOqElBgOdwnANv3tA
openId: obKWL6Q6awrcWSKz3LeSmcOYubfc
SNSUserInfo(openId = obKWL6Q6awrcWSKz3LeSmcOYubfc, nickname = 心平气和知足常乐, sex = 1,
country=CN, province=Jiangsu, city=Xuzhou, headImgUrl=https://thirdwx.qlogo.cn/mmopen/vi_32/
OjRkZBeI0ctTgrxowJhaB6DiaC1mTiaFf0TvU6FoOTUeHP3ghzo9EnZTrEG6rTHTqcqPYaA1n30hUlNa2lrTiax0Q/132,
privilegeList=[])
accessToken: 46_xHuLYk5nBO7rMgGqXhp0SN6HuakppxPBCwctF9A74CBwQDhlUk-5hILGAAMdQCPv04iSUyKPC
UigFP690_5DtvrOmHrhcEa_rt98bOyfTSk
    openId: obKWL6Q6awrcWSKz3LeSmcOYubfc
    SNSUserInfo(openId=obKWL6Q6awrcWSKz3LeSmcOYubfc, nickname=心平气和知足常乐, sex=1,
country=CN, province=Jiangsu, city=Xuzhou, headImgUrl=https://thirdwx.qlogo.cn/mmopen/vi_32/
OjRkZBeI0ctTgrxowJhaB6DiaC1mTiaFf0TvU6FoOTUeHP3ghzo9EnZTrEG6rTHTqcqPYaA1n30hUlNa2lrTiax0Q/132,
privilegeList=[])
```

10.3　JS-SDK 的应用开发

视频讲解

10.3.1　创建类 WXAccessToken

继续在 10.2 节的基础上进行开发。在包 edu.bookcode 中创建 exofjssdk 子包，并在包 edu.bookcode.exofjssdk 中创建 entity 子包，在包 edu.bookcode.exofjssdk.entity 中创建类 WXAccessToken，代码如例 10-7 所示。

【例 10-7】 类 WXAccessToken 的代码示例。

```
package edu.bookcode.exofjssdk.entity;
import lombok.Data;
@Data
public class WXAccessToken {
    private String access_token;
    private String expires_in;
}
```

10.3.2　创建类 WXJSAPITicket

在包 edu.bookcode.exofjssdk.entity 中创建类 WXJSAPITicket，代码如例 10-8 所示。

【例 10-8】 类 WXJSAPITicket 的代码示例。

```
package edu.bookcode.exofjssdk.entity;
import lombok.Data;
@Data
public class WXJSAPITicket extends WXErrorGlobal{
    private String expires_in;
    private String ticket;
}
```

10.3.3 创建类 JSAPIPageBean

在包 edu. bookcode. exofjssdk. entity 中创建类 JSAPIPageBean，代码如例 10-9 所示。

【例 10-9】 类 JSAPIPageBean 的代码示例。

```
package edu.bookcode.exofjssdk.entity;
import lombok.Data;
@Data
public class JSAPIPageBean {
    private String appId;
    private String jsapi_ticket;
    private String noncestr;
    private String timestamp;
    private String signature;
    private String url;
}
```

10.3.4 创建类 WXErrorGlobal

在包 edu. bookcode. exofjssdk. entity 中创建类 WXErrorGlobal，代码如例 10-10 所示：

【例 10-10】 类 WXErrorGlobal 的代码示例。

```
package edu.bookcode.exofjssdk.entity;
import lombok.Data;
@Data
public class WXErrorGlobal {
    private Integer errcode;
    private String errmsg;
}
```

10.3.5 创建类 WXUtil

在包 edu. bookcode. exofjssdk 中创建 util 子包，在包 edu. bookcode. exofjssdk. util 中创建类 WXUtil，代码如例 10-11 所示。

【例 10-11】 类 WXUtil 的代码示例。

```
package edu.bookcode.exofjssdk.util;
import cn.hutool.http.HttpUtil;
import com.alibaba.fastjson.JSONObject;
import edu.bookcode.exofjssdk.entity.JSAPIPageBean;
import edu.bookcode.exofjssdk.entity.WXAccessToken;
import edu.bookcode.exofjssdk.entity.WXJSAPITicket;
import edu.bookcode.service.TemptTokenUtil;
import org.springframework.stereotype.Component;
import java.io.UnsupportedEncodingException;
import java.security.MessageDigest;
```

```
import java.security.NoSuchAlgorithmException;
import java.util.Formatter;
import java.util.UUID;
@Component
public class WXUtil {
    public String getAccessToken(String appid, String appsecret) {
     String result = new TemptTokenUtil().getTokenInfo();
        return result;
    }
    public WXAccessToken getAccessTokenByBean(String appid, String appsecret) {
     String strAppID = "wxd2f278459c83a8e2";      //需要修改成读者自己的 appID
      String strAppSECRET = "b62a858ebe3ab2238a4eaaf423369cef";
      String apiUrl = "https://api.weixin.qq.com/cgi-bin/token?grant_type=client_
      credential&appid=AppID&secret=AppSECRET";
      apiUrl  = apiUrl .replace("AppID",strAppID).replace("AppSECRET",strAppSECRET);
      String result = HttpUtil.get(apiUrl);
        WXAccessToken wxAccessToken = JSONObject.parseObject(result, WXAccessToken.class);
        return wxAccessToken;
    }
    public WXJSAPITicket getJSTicket(String accessToken) {
        String apiUrl = "https://api.weixin.qq.com/cgi-bin/ticket/getticket?access_token=
        ACCESS_TOKEN&type=jsapi";
        apiUrl = apiUrl.replace("ACCESS_TOKEN", accessToken);
        String result = HttpUtil.get(apiUrl);
        WXJSAPITicket wxjsapiTicket = JSONObject.parseObject(result, WXJSAPITicket.class);
        return wxjsapiTicket;
    }
     public JSAPIPageBean getBean(String appId, String appSecret, String url){
       JSAPIPageBean bean = new JSAPIPageBean();
       WXAccessToken accessTokenByBean = getAccessTokenByBean(appId, appSecret);
       WXJSAPITicket jsTicket = getJSTicket(accessTokenByBean.getAccess_token());
       String jsapi_ticket = jsTicket.getTicket();
       String nonce_str = create_nonce_str();
       String timestamp = create_timestamp();
       String string1;
       String signature = "";
       //注意,这里参数名必须全部小写,且必须有序
       string1 = "jsapi_ticket=" + jsapi_ticket + "&noncestr=" + nonce_str +
                "&timestamp=" + timestamp + "&url=" + url;
       System.out.println("string1 = " + string1);
       try {
              MessageDigest crypt = MessageDigest.getInstance("SHA-1");
              crypt.reset();
              crypt.update(string1.getBytes("UTF-8"));
              signature = byteToHex(crypt.digest());
         } catch (NoSuchAlgorithmException e) {
              e.printStackTrace();
         } catch (UnsupportedEncodingException e) {
              e.printStackTrace();
         }
        bean.setUrl(url);
```

```
        bean.setAppId(appId);
        bean.setJsapi_ticket(jsapi_ticket);
        bean.setTimestamp(timestamp);
        bean.setNoncestr(nonce_str);
        bean.setSignature(signature);
        return bean;
    }
    private static String byteToHex(final byte[] hash) {
        Formatter formatter = new Formatter();
        for (byte b : hash)
        {
            formatter.format("%02x", b);
        }
        String result = formatter.toString();
        formatter.close();
        return result;
    }
    private static String create_nonce_str() {
        return UUID.randomUUID().toString();
    }
    private static String create_timestamp() {
        return Long.toString(System.currentTimeMillis() / 1000);
    }
}
```

10.3.6 创建类 WXJSAPIController

在包 edu.bookcode.exofjssdk 中创建 controller 子包，在包 edu.bookcode.exofjssdk.controller 中创建类 WXJSAPIController，代码如例 10-12 所示。

【例 10-12】 类 WXJSAPIController 的代码示例。

```
package edu.bookcode.exofjssdk.controller;
import edu.bookcode.exofjssdk.entity.JSAPIPageBean;
import edu.bookcode.exofjssdk.util.WXUtil;
import edu.bookcode.message.TextMessageReceive;
import edu.bookcode.util.MessageTemplateUtil;
import edu.bookcode.util.OutAndSendUtil;
import edu.bookcode.util.ProcessToMapUtil;
import org.springframework.beans.factory.annotation.Autowired;
import org.springframework.stereotype.Controller;
import org.springframework.ui.Model;
import org.springframework.web.bind.annotation.RequestMapping;
import org.springframework.web.bind.annotation.ResponseBody;
import javax.servlet.http.HttpServletRequest;
import javax.servlet.http.HttpServletResponse;
import java.io.UnsupportedEncodingException;
import java.util.Date;
import java.util.Map;
@Controller
```

```
public class WXJSAPIController {
    @Autowired
    private WXUtil wxUtil;
    //下面一行是运行本类时的相对地址
    @RequestMapping("/")
    //为了测试方便,在运行其他类时,必须注释掉上一行代码,即修改相对地址
    //并可以去掉下一行代码的注释,修改本类的相对地址
    //@RequestMapping("/testTicket")
    @ResponseBody
    public void testTicket(HttpServletRequest request, HttpServletResponse response) {
    //用户访问的是 URL 而不是接口发送过来的地址
    String url = "http://wswxgzh.gz2vip.idcfengye.com/";    //改成读者自己的 URL
    JSAPIPageBean bean =
        wxUtil.getBean("wxd2f278459c83a8e2", "b62a858ebe3ab2238a4eaaf423369cef", url);
    System.out.println(bean);
    try {
        request.setCharacterEncoding("utf - 8");
        response.setCharacterEncoding("utf - 8");
        Map < String, String > message = ProcessToMapUtil.requestToMap(request);
        TextMessageReceive textMessage = new TextMessageReceive();
        textMessage.setToUserName(message.get("ToUserName"));
        textMessage.setFromUserName(message.get("FromUserName"));
        textMessage.setCreateTime(new Date().getTime());
        textMessage.setMsgType("text");
        textMessage.setContent(url + "second");
        String xml = MessageTemplateUtil.textMessageToXML(textMessage);
        System.out.println(xml);    //在控制台的输出链接,提示在微信客户端打开链接
        OutAndSendUtil.sendMessageToWXAppClient(xml, response);
    } catch (UnsupportedEncodingException e) {
        e.printStackTrace();
    }
}
//下面一行是运行本类时的相对地址
@RequestMapping("/second")
//为了测试方便,在运行其他类时,相对地址改成下一行中的相对地址,且注释掉上一行中的地址
//@RequestMapping("/testJSSDk")
String testJSSDk(HttpServletRequest request, HttpServletResponse response, Model model) {
    return "second"; //此处对应的是网页
}
}
```

10.3.7 创建文件 dateUtil.js

在项目 src\main\resources\templates 目录下创建 js 子目录,在 src\main\resources\templates\js 目录下创建文件 dateUtil.js,文件 dateUtil.js 的代码如例 10-13 所示。

【例 10-13】 文件 dateUtil.js 的代码示例。

```
Number.prototype.getWeekName = function() {
    switch (parseInt(this)) {
```

```
        case 0:
            return "星期日";
        case 1:
            return "星期一";
        case 2:
            return "星期二";
        case 3:
            return "星期三";
        case 4:
            return "星期四";
        case 5:
            return "星期五";
        case 6:
            return "星期六";
        default:
            return "unknow";
        }
}
var x = setInterval(function() {
    var d = new Date();
    document.getElementById("a").innerText = d.getFullYear() + "-" + getZero((d.getMonth() + 1).toString()) + "-" + getZero(d.getDate().toString()) + " " + getZero(d.getHours().toString()) + ":" + getZero(d.getMinutes().toString()) + ":" + getZero(d.getSeconds().toString()) + " " + d.getDay().getWeekName();
},
1000);
function getZero(str) {
    if (str < 10) {
        return "0" + "" + str;
    } else {
        return str;
    }
}
```

10.3.8 创建文件 second.html

在项目 src\main\resources\templates 目录下创建文件 second.html，文件 second.html 的代码如例 10-14 所示。

【例 10-14】 文件 second.html 的代码示例。

```
<!DOCTYPE html>
<html lang="en">
<head>
 <title>接入微信 JSSDKDemo</title>
 <base href="<%=basePath%>">
 <meta http-equiv="pragma" content="no-cache">
 <meta http-equiv="cache-control" content="no-cache">
 <meta http-equiv="expires" content="0">
 <meta http-equiv="keywords" content="keyword1,keyword2,keyword3">
```

```
    <meta http-equiv="description" content="This is my page">
    <style type="text/css">
        .button {
            height: 20px;
            margin: 10px;
            text-decoration: none;
            font: bold 1.5em 'Trebuchet MS', Arial, Helvetica;
            display: inline-block;
            text-align: center;
            color: #fff;
            border: 1px solid #9c9c9c;
            border: 1px solid rgba(0, 0, 0, 0.3);
            text-shadow: 0 1px 0 rgba(0, 0, 0, 0.4);
            box-shadow: 0 0 .05em rgba(0, 0, 0, 0.4);
            -moz-box-shadow: 0 0 .05em rgba(0, 0, 0, 0.4);
            -webkit-box-shadow: 0 0 .05em rgba(0, 0, 0, 0.4);
        }
        .button-khaki {
            background: #A2B598;
            background: -webkit-gradient(linear, left top, left bottom, from(#BDD1B4),
            to(#A2B598));
            background: -moz-linear-gradient(-90deg, #BDD1B4, #A2B598);
            filter: progid:DXImageTransform.Microsoft.Gradient(GradientType=0,
            StartColorStr='#BDD1B4', EndColorStr='#A2B598');
        }
        ul {
            width: 100%;
            -webkit-box-sizing: border-box;
            -moz-box-sizing: border-box;
            padding: 0px 10px;
        }
        li {
            font-family: 微软雅黑;
            color: white;
            margin: 8px;
            float: left;
            -webkit-box-sizing: border-box;
            -moz-box-sizing: border-box;
        }
        .footer {
            bottom: 0px;
            position: fixed;
        }
  </style>
  <head>
<meta content="width=device-width, initial-scale=1.0, maximum-scale=1.0, user-
scalable=0;" name="viewport"/>
      <script src="js/jquery.js"></script>
      <script src="https://res.wx.qq.com/open/js/jweixin-1.6.0.js"></script>
      <script src="js/dateUtil.js"></script>
```

```
<script type="text/javascript">
$(function () {
    $.ajax({
        //替换成读者的映射域名即可
        url:'http://wswxgzh.gz2vip.idcfengye.com/',
        method:'GET',
        async:false,
        contentType:'application/json',
        success:function (res) {
            wx.config({
                debug: true,
                appId: res.appId,
                timestamp: res.timestamp,
                nonceStr: res.noncestr,
                signature: res.signature,
                jsApiList: [
                    'checkJsApi',
                    'closeWindow',
                    'onMenuShareTimeline',
                    'updateAppMessageShareData',
                    'chooseImage',
                    'previewImage',
                    'startRecord',
                    'stopRecord',
                    'onVoiceRecordEnd',
                    'translateVoice',
                    'getNetworkType',
                    'openLocation',
                    'getLocation',
                    'scanQRCode'
                ]                    //必填,需要使用的 JavaScript 接口列表
            });
        }
    })
});
wx.ready(function () {
    console.log("初始化成功");
});
wx.error(function (res) {
    console.log(res.errMsg);
});
function testCloseWindow(){
    wx.closeWindow();
    console.log("测试网页 API 接口情况.");
}
function testCheckAPI() {
    wx.checkJsApi({
        jsApiList: ['chooseImage'],
```

```
                    success: function(res) {
                        console.log(JSON.stringify(res))
                        alert(JSON.stringify(res));
                        //如:{"checkResult":{"chooseImage":true},"errMsg":"checkJsApi:ok"}
                    }
                });
            }
            function testPreviewImage() {
                wx.previewImage({
                    current: 'https://dss3.bdstatic.com/70cFv8Sh_Q1YnxGkpoWK1HF6hhy/it/u=
2570607568,3322420557&fm=26&gp=0.jpg',    //当前显示图片的 HTTP 链接
                    urls: ["https://dss3.bdstatic.com/70cFv8Sh_Q1YnxGkpoWK1HF6hhy/it/u=
2570607568,3322420557&fm=26&gp=0.jpg"]    //需要预览的图片 HTTP 链接列表
                })
            }
            function testStartRecord() {
                wx.startRecord();
                console.log("开始录音");
                alert("开始录音")
            }
            function testGetNetworkType() {
                wx.getNetworkType({
                    success: function (res) {
                        alert(JSON.stringify(res))      //返回网络类型 2G,3G,4G,WiFi
                    }
                });
            }
            function testStopSearchBeacons() {
                wx.stopSearchBeacons({
                    complete:function(res){
                        alert("关闭查找周边 ibeacon 设备接口")
                    }
                });
            }
        </script>
    </head>
<body style="background-color: rgb(1,159,230);">
<div class="date-day" id="a">即将显示时间...</div>
<input type="button" value="关闭窗口" onclick="testCloseWindow()"/><br>
<input type="button" value="测试检测接口" onclick="testCheckAPI()"/><br>
<input type="button" value="预览图像接口" onclick="testPreviewImage()"/><br>
<input type="button" value="开始录音接口" onclick="testStartRecord()"/><br>
<input type="button" value="设备信息接口" onclick="testGetNetworkType()"/><br>
<input type="button" value="关闭周边设备" onclick="testStopSearchBeacons()"/>
<input id="appId" type="hidden" value="${sign.appId}"/>
<input id="url" type="hidden" value="${sign.url}"/>
<input id="tk" type="hidden" value="${sign.jsapi_ticket}"/>
<input id="nonceStr" type="hidden" value="${sign.nonceStr}"/>
```

```
<input id="timestamp" type="hidden" value="${sign.timestamp}"/>
<input id="signature" type="hidden" value="${sign.signature}"/>
<div class="footer">
    <ul>
        <li>你  </li>
        <li>我  </li>
        <li>之  </li>
        <li>间  </li>
        <li>微  </li>
        <li>信  </li>
        <li>连  </li>
        <li>接  </li>
    </ul>
</div>
</body>
</html>
```

10.3.9 运行程序

下载最新版的 jQuery.js，将文件复制到 src\main\resources\templates\js 目录下。

启动内网穿透工具后，按照例 10-4 中注释给出的提示修改 OAuth2Controller 的相对地址，并再次运行项目入口类 WxgzptkfbookApplication。

在手机微信公众号中输入文本（如“你好”），在手机微信公众号中显示一个网页的链接，如图 10-4 所示。控制台中的输出消息如图 10-5 所示。单击图 10-4 中链接之后，手机上的结果如图 10-6 所示。

图 10-4　在手机微信公众号中输入文本（如“你好”）后显示一个网页的链接

```
string1 = jsapi_ticket=03SMpm8bG7kJnF36aXbe89FzAuhEjamU0OyZ5FUNVsJJ7OrfIrqgkpfYHGI
 -X8PX2CntP1Nxeq5UtvdmZe1GsQ&noncestr=056f34bd-047b-4ef9-99e8-3eeb1dcffd81&timestamp=1624540401&url
 =http://wswxgzh.gz2vip.idcfengye.com/
JSAPIPageBean(appId=wxd2f278459c83a8e2,
 jsapi_ticket=03SMpm8bG7kJnF36aXbe89FzAuhEjamU0OyZ5FUNVsJJ7OrfIrqgkpfYHGI-X8PX2CntP1Nxeq5UtvdmZe1GsQ,
  noncestr=056f34bd-047b-4ef9-99e8-3eeb1dcffd81, timestamp=1624540401,
 signature=33e16b75ac69f796588e9f60210f4dbe30c584a8, url=http://wswxgzh.gz2vip.idcfengye.com/)
<xml><ToUserName>obKWL6Q6awrcWSKz3LeSmcOYubfc</ToUserName><FromUserName>gh_0acb8bcc8eef</FromUserName
 ><CreateTime>1624540402055</CreateTime><MsgType>text</MsgType><Content>http://wswxgzh.gz2vip
 .idcfengye.com/second</Content></xml>
```

图 10-5　在手机微信公众号中输入文本（如“你好”）后控制台输出的结果

单击图 10-6 中“测试检测接口”“预览图像接口”“开始录音接口”“设备信息接口”“关闭周边设备”等按钮，结果分别如图 10-7～图 10-11 所示。单击图 10-6 中的“关闭窗口”按钮，将关闭图 10-6 所示的网页。

图 10-6 单击图 10-4 中的链接后跳转到相应的页面(second. html)的结果

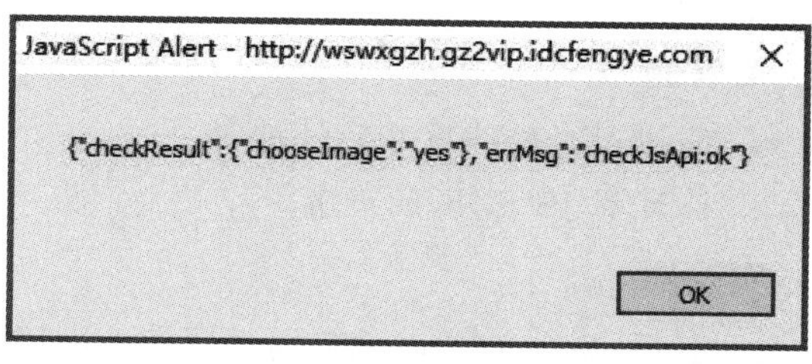

图 10-7 单击图 10-6 中“测试检测接口”按钮的结果

图 10-8 单击图 10-6 中“预览图像接口”按钮的结果

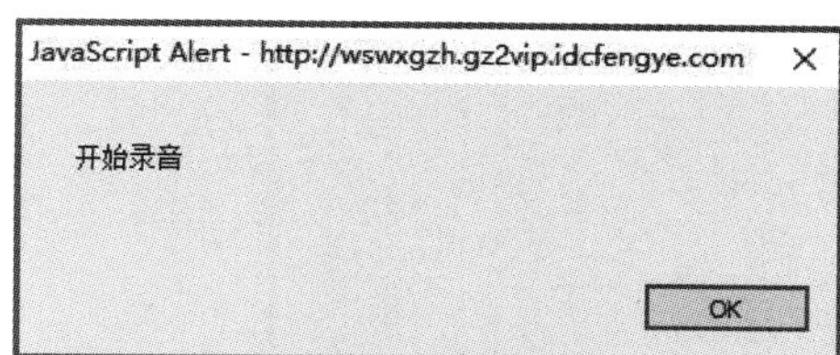

图 10-9 单击图 10-6 中“开始录音接口”按钮的结果

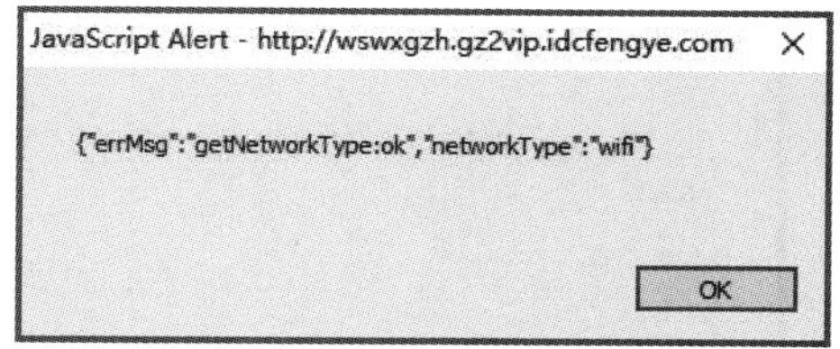

图 10-10 单击图 10-6 中“设备信息接口”按钮的结果

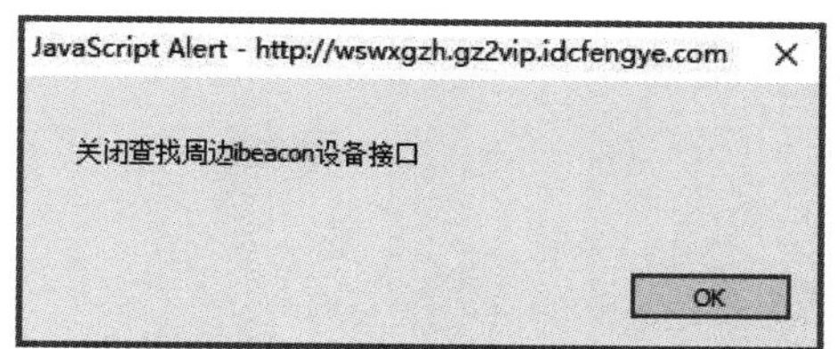

图 10-11 单击图 10-6 中“关闭周边设备”按钮的结果

习题 10

简答题

1. 简述对微信网页开发的理解。
2. 简述对 JS-SDK 的理解。

实验题

1. 实现示例：OAuth2.0 网页授权的应用开发。
2. 实现一个实例，应用 JS-SDK。

第11章

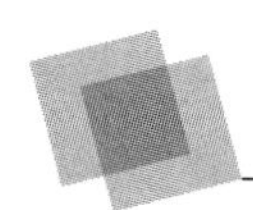

智能接口的应用开发

微信智能(AI)接口包括语义理解、AI 开放接口(含微信语音转文字、微信翻译等)、OCR 识别、图像处理等内容。本章先介绍测试账号支持的语义理解和翻译(AI 开放接口中语音转文字前面已经介绍)等接口,再介绍语义理解和翻译的应用开发。

11.1 说明

11.1.1 语义理解

微信智能(AI)接口是由微信智能语音团队、微信翻译团队与微信公众平台团队联合推出的 AI 开放接口,首期开放语音转文字、文本翻译接口。

微信开放平台语义理解接口调用简单方便,用户无须掌握语义理解及相关技术,只需要根据自己的产品特点,选择相应的服务即可搭建一套智能语义服务。

发送语义理解请求的 URL 为 https://api.weixin.qq.com/semantic/semproxy/search?access_token=ACCESS_TOKEN。

11.1.2 翻译

语音消息转文字接口提供中文普通话、英文语音转文字服务。具体示例可参考 6.6 节。

微信翻译(简称翻译)是微信推出的机器翻译引擎,现阶段微信翻译支持英汉及汉英的翻译。文本翻译接口提供英汉、汉英文本翻译服务。接口 URL 为 http://api.weixin.qq.com/cgi-bin/media/voice/translatecontent?access_token=ACCESS_TOKEN&lfrom=LFROM<o=LTO。占位参数 LFROM 指代源语言(zh_CN 或 en_US),占位参数 LTO

是目标语言(en_US 或 zh_CN)。

11.2 语义理解的应用开发

11.2.1 创建类 SemanticEntity

视频讲解

继续在 10.3 节的基础上进行开发。在包 edu.bookcode 中创建 exofsemantic 子包,并在包 edu.bookcode.exofsemantic 中创建类 SemanticEntity,代码如例 11-1 所示。

【例 11-1】 类 SemanticEntity 的代码示例。

```
package edu.bookcode.exofsemantic;
import lombok.Data;
@Data
public class SemanticEntity {
 static String strQuery = "\"查一下明天从北京到上海的南航机票\"";
 static String strCity = "\"北京\"";
 static String strCategory = "\"flight\"";
 static float strLongitude = 1F;
 static float strLatitude = 2F;
 static String strRegion = "\"北京\"";
 static String strYesBegin =  "{\n" +
            "\"query\" " +
            ":" + strQuery + ",\n" +
            "\"category\"" +
            ": " + strCategory + ",\n" ;
 static String setStrYesBegin (String query,String category) {
      return strYesBegin.replace(strQuery,query).replace(strCategory,category);
 }
     static String strSelectCity =
            "\"city\"" + ":" + strCity + ",\n" ;
 String strSelectLatitude = "\"latitude\"" +
            ":" + strLatitude + ",\n" ;
 String strSelectLongitude = "\"longitude\"" +
            ":" + strLongitude + ",\n" ;
 String strSelectRegion =  "\"region\"" +
            ":" + strRegion + ",\n" ;
 static String setStrSelectCity(String city){
        return strSelectCity.replace(strCity,city);
 }
 static String strSelectLongitude(float longitude) {
      return "\"longitude\"" +
                  ":" + longitude + ",\n" ;
 }
 static String strSelectLatitude(float latitude) {
      return "\"latitude\"" +
                  ":" + latitude + ",\n" ;
 }
 static String setStrSelectRegion(String region){
```

```
        return strRegion.replace(strRegion,region);
    }
    static String strYesEnd = "\"appid\":\"wxd2f278459c83a8e2\",\n" +
                "\"uid\":\"obKWL6Q6awrcWSKz3LeSmcOYubfc\"\n" +
                "}";
    String querydata(String strYesBegin,String strSelectCity,String strYesEnd){
        return strYesBegin + strSelectCity + strYesEnd;
    }
}
```

11.2.2 创建类 QueryDataTemplate

在包 edu.bookcode.exofsemantic 中创建类 QueryDataTemplate,代码如例 11-2 所示。

【例 11-2】 类 QueryDataTemplate 的代码示例。

```
package edu.bookcode.exofsemantic;
import edu.bookcode.service.CommonUtil;
  import net.sf.json.JSONObject;
  public class QueryDataTemplate {
    public static JSONObject query(String tokenString,String data) {
      String url = "https://api.weixin.qq.com/semantic/semproxy/search?access_token =
      ACCESS_TOKEN";
      //与原来官方文档略有差异
      url = url.replace("ACCESS_TOKEN", tokenString);
      JSONObject jsonObject = CommonUtil.httpsRequest(url, "POST",data);
      System.out.println(jsonObject);
      return jsonObject;
    }
}
```

11.2.3 创建类 SemanticController

在包 edu.bookcode.exofsemantic 中创建类 SemanticController,代码如例 11-3 所示。

【例 11-3】 类 SemanticController 的代码示例。

```
package edu.bookcode.exofsemantic;
import edu.bookcode.service.TemptTokenUtil;
import edu.bookcode.service.URLtoTokenUtil;
import edu.bookcode.util.OutAndSendUtil;
import net.sf.json.JSONObject;
import org.springframework.web.bind.annotation.RequestMapping;
import org.springframework.web.bind.annotation.RestController;
import javax.servlet.http.HttpServletRequest;
import javax.servlet.http.HttpServletResponse;
import java.io.FileOutputStream;
import java.io.PrintStream;
import java.util.Date;
@RestController
```

```
public class SemanticController {
 //下面一行是运行本类时的相对地址
 @RequestMapping("/")
 //为了测试方便,在运行其他类时,必须注释掉上一行代码,即修改相对地址
 //并可以去掉下一行代码的注释,修改本类的相对地址
 //@RequestMapping("/testSemantic")
 void testSemantic(HttpServletRequest request, HttpServletResponse response) {
      String tokenString = new TemptTokenUtil().getTokenInfo();
      testLife(request, response,tokenString);
      testTour(request, response,tokenString);
      testEntertainment(request, response,tokenString);
      testTool(request, response,tokenString);
      testKnowledge(request, response,tokenString);
      testOtherService(request, response,tokenString);
      test(request, response,tokenString);    //输出一个 HTML 文件
 }
 private void testOtherService(HttpServletRequest request, HttpServletResponse response,
String tokenString) {
      System.out.println("————————查询电视节目预告————————");
      queryTV(tokenString);
      System.out.println("————————查询网址服务————————");
      queryWebsite(tokenString);
      System.out.println("————————网页搜索————————");
      querySearch(tokenString);
 }
 private void querySearch(String tokenString) {
      String data = "{\n" +
                "\"query\":\"百度一下亚洲杯\",\n" +
                "\"category\":\"search\"," +
                "\"city\" :\"上海\" , " +
                "\"appid\":\"wxd2f278459c83a8e2\"" +
                "}";
      QueryDataTemplate.query(tokenString,data);
 }
 private void queryWebsite(String tokenString) {
      String data = "{\n" +
                "\"query\":\"我要浏览腾讯网\",\n" +
                "\"category\":\"website\"," +
                "\"city\" :\"徐州\" , " +
                "\"appid\":\"wxd2f278459c83a8e2\"" +
                "}";
      QueryDataTemplate.query(tokenString,data);
 }
 private void queryTV(String tokenString) {
      String data = "{\n" +
                "\"query\":\"明天晚上六点北京台有什么节目\",\n" +
                "\"category\":\"tv\"," +
                "\"city\" :\"北京\" , " +
                "\"appid\":\"wxd2f278459c83a8e2\"" +
                "}";
      QueryDataTemplate.query(tokenString,data);
```

```
}
private void testKnowledge(HttpServletRequest request, HttpServletResponse response, String
tokenString) {
        System.out.println("————————查询菜谱信息————————");
        queryCookbook(tokenString);
        System.out.println("————————查询百科知识————————");
        queryBaike(tokenString);
        System.out.println("————————查询新闻————————");
        queryNews(tokenString);
}
private void queryNews(String tokenString) {
        String data = "{\n" +
                        "\"query\":\"最近一周有什么体育新闻\",\n" +
                        "\"category\":\"news\"," +
                        "\"city\" :\"北京\" , " +
                        "\"appid\":\"wxd2f278459c83a8e2\"" +
                        "}";
        QueryDataTemplate.query(tokenString,data);
}
private void queryBaike(String tokenString) {
        String data = "{\n" +
                        "\"query\":\"微信是什么\",\n" +
                        "\"category\":\"baike\"," +
                        "\"city\" :\"北京\" , " +
                        "\"appid\":\"wxd2f278459c83a8e2\"" +
                        "}";
        QueryDataTemplate.query(tokenString,data);
}
private void queryCookbook(String tokenString) {
            String data = "{\n" +
                        "\"query\":\"宫保鸡丁的做法\",\n" +
                        "\"category\":\"cookbook\"," +
                        "\"city\" :\"徐州\" , " +
                        "\"appid\":\"wxd2f278459c83a8e2\"" +
                        "}";
        QueryDataTemplate.query(tokenString,data);
}
private void testTool ( HttpServletRequest request, HttpServletResponse response, String
tokenString) {
        System.out.println("————————查询天气第一种方法————————");
        queryWeather1(request, response,tokenString);
        System.out.println("————————查询天气第二种方法————————");
        queryWeather2(tokenString);
        System.out.println("————————查找股票信息————————");
        queryStock(tokenString);
        System.out.println("————————查找提醒服务————————");
        queryRemind(tokenString);
        System.out.println("————————查询电话服务————————");
        queryTelephone(tokenString);
}
private void queryTelephone(String tokenString) {
```

```
        String data = "{\n" +
                "\"query\":\"招行的客服电话\",\n" +
                "\"category\":\"telephone\"," +
                "\"city\" :\"徐州\" , " +
                "\"appid\":\"wxd2f278459c83a8e2\"" +
                "}";
        QueryDataTemplate.query(tokenString,data);
    }
    private void queryRemind(String tokenString) {
        String data = "{\n" +
                "\"query\":\"提醒我一下明天上午十点开会\",\n" +
                "\"category\":\"remind\"," +
                "\"city\" :\"徐州\" , " +
                "\"appid\":\"wxd2f278459c83a8e2\"" +
                "}";
        QueryDataTemplate.query(tokenString,data);
    }
    private void queryStock(String tokenString) {
        String data = "{\n" +
                "\"query\":\"查一下腾讯股价\",\n" +
                "\"category\":\"stock\"," +
                "\"city\" :\"徐州\" , " +
                "\"appid\":\"wxd2f278459c83a8e2\"" +
                "}";
        QueryDataTemplate.query(tokenString,data);
    }
    private void testEntertainment(HttpServletRequest request, HttpServletResponse response,
String tokenString) {
        System.out.println("————————查找上映电影信息————————");
        queryMovie(tokenString);
        System.out.println("————————查找音乐服务————————");
        queryMusic(tokenString);
        System.out.println("————————查找视频信息————————");
        queryVideo(tokenString);
        System.out.println("————————查找小说服务————————");
        queryNovel(tokenString);
    }
    private void queryNovel(String tokenString) {
        String data = "{\n" +
                "\"query\":\"来点莫言写的小说\",\n" +
                "\"category\":\"video\"," +
                "\"city\" :\"北京\" , " +
                "\"appid\":\"wxd2f278459c83a8e2\"" +
                "}";
        QueryDataTemplate.query(tokenString,data);
    }
    private void queryVideo(String tokenString) {
        String data = "{\n" +
                "\"query\":\"我想看了不起的爸爸\",\n" +
                "\"category\":\"video\"," +
                "\"city\" :\"北京\" , " +
```

```
                "\"appid\":\"wxd2f278459c83a8e2\"" +
                "}";
        QueryDataTemplate.query(tokenString,data);
    }
    private void queryMusic(String tokenString) {
        String data = "{\n" +
                "\"query\":\"我想听周杰伦的东风破\",\n" +
                "\"category\":\"music\"," +
                "\"city\" :\"北京\" , " +
                "\"appid\":\"wxd2f278459c83a8e2\"" +
                "}";
        QueryDataTemplate.query(tokenString,data);
    }
    private void queryMovie(String tokenString) {
        String data = "{\n" +
                "\"query\":\"最近一个月上映了哪些刘德华的电影\",\n" +
                "\"category\":\"movie\"," +
                "\"city\" :\"徐州市铜山万达影城\" , " +
                "\"appid\":\"wxd2f278459c83a8e2\"" +
                "}";
        QueryDataTemplate.query(tokenString,data);
    }
    private void testLife (HttpServletRequest request, HttpServletResponse response, String
tokenString) {
        System.out.println("————————查找附近有什么川菜馆————————");
        queryRestaurantCondition(request,response,"附近有什么川菜馆",tokenString);
        System.out.println("————————江苏师范大学附近有没有人均 100 元左右的火
锅店————————");
        queryRestaurantCondition(request,response,tokenString);
        System.out.println("————————江苏师范大学的位置————————");
        queryMapCondition(request,response,"\"江苏师范大学的位置\"",tokenString);
        System.out.println("————————江苏师范大学附近————————");
        queryNearby(request,response,tokenString);
        System.out.println("————————徐州市铜山万达附近有什么商家的优惠券————————");
        queryCoupon(request,response,tokenString);
    }
    private void queryCoupon (HttpServletRequest request, HttpServletResponse response,
StringtokenString) {
        String data = "{\n" +
                "\"query\":\"附近有什么优惠券\",\n" +
                "\"category\":\"coupon\"," +
                "\"city\" :\"徐州市铜山万达\" , " +
                "\"appid\":\"wxd2f278459c83a8e2\"" +
                //"\"radius\" :500" +
                "}";
        QueryDataTemplate.query(tokenString,data);
    }
    private void queryNearby(HttpServletRequest request, HttpServletResponse response, String
tokenString) {
        String data = "{\n" +
                "\"query\":\"江苏师范大学附近有啥体育馆\",\n" +
```

```
                    "\"category\":\"nearby\"," +
                    "\"city\" :\"徐州\" , " +
                    "\"appid\":\"wxd2f278459c83a8e2\"" +
                    "}";
        QueryDataTemplate.query(tokenString,data);
    }
    private void queryMapCondition (HttpServletRequest request, HttpServletResponse response,
String queryString, String tokenString) {
        String data = SemanticEntity.setStrYesBegin(queryString,"\"map\"");
        data += SemanticEntity.setStrSelectCity("\"徐州\"") + SemanticEntity.strYesEnd;
        QueryDataTemplate.query(tokenString,data);
    }
    private void queryRestaurantCondition (HttpServletRequest request, HttpServletResponse
response,String tokenString) {
        String data = "{\n" +
                    "\"query\":\"江苏师范大学附近有没有人均100元左右的火锅店\",\n" +
                    "\"category\":\"restaurant\"," +
                    "\"city\" :\"徐州\" , " +
                    "\"appid\":\"wxd2f278459c83a8e2\"" +
                    "}";
        QueryDataTemplate.query(tokenString,data);
    }
    private void testTour (HttpServletRequest request, HttpServletResponse response, String
tokenString) {
        System.out.println("————————查询酒店————————");
        queryHotel(tokenString);
        System.out.println("————————查询旅游服务————————");
        queryTravel(tokenString);
        System.out.println("————————查询机票第一种方法————————");
        queryFlight(tokenString);
        System.out.println("————————查询机票第二种方法————————");
        queryFlight2(tokenString);
        System.out.println("————————查询火车服务————————");
        queryTrain(tokenString);
    }
    private void queryTrain(String tokenString) {
        String data = "{\n" +
                    "\"query\":\"明天从徐州到上海的高铁\",\n" +
                    "\"city\":\"徐州\",\n" +
                    "\"category\": \"train\",\n" +
                    "\"appid\":\"wxd2f278459c83a8e2\",\n" +
                    "\"uid\":\"gh_0acb8bcc8eef\"\n" +
                    "}";
        QueryDataTemplate.query(tokenString,data);
    }
    private void queryTravel(String tokenString) {
        String data = "{\n" +
                    "\"query\":\"故宫门票多少钱\",\n" +
                    "\"city\":\"北京\",\n" +
                    "\"category\": \"travel\",\n" +
                    "\"appid\":\"wxd2f278459c83a8e2\",\n" +
```

```
                    "\"uid\":\"gh_0acb8bcc8eef\"\n" +
                    "}";
        QueryDataTemplate.query(tokenString,data);
    }
    private void queryHotel(String tokenString) {
        String data = "{\n" +
                    "\"query\":\"附近有 WiFi 的五星级酒店\",\n" +
                    "\"city\":\"徐州\",\n" +
                    "\"category\": \"hotel\",\n" +
                    "\"appid\":\"wxd2f278459c83a8e2\",\n" +
                    "\"uid\":\"gh_0acb8bcc8eef\"\n" +
                    "}";
        QueryDataTemplate.query(tokenString,data);
    }
    void queryFlight(String tokenString){
        String data = "{\n" +
                    "\"query\":\"查一下明天从北京到上海的南航机票\",\n" +
                    "\"city\":\"北京\",\n" +
                    "\"category\": \"flight,hotel\",\n" +
                    "\"appid\":\"wxd2f278459c83a8e2\",\n" +
                    "\"uid\":\"gh_0acb8bcc8eef\"\n" +
                    "}";
        QueryDataTemplate.query(tokenString,data);
    }
    private void queryFlight2(String tokenString) {
        String data;
        String str1 = SemanticEntity.setStrYesBegin("\"查一下明天上午九点从徐州到上海的南航
                    机票\"","\"flight\"");
        String str2 = SemanticEntity.setStrSelectCity("\"徐州\"");
        data = str1 + str2 + SemanticEntity.strYesEnd;
        QueryDataTemplate.query(tokenString,data);
    }
    private void queryRestaurantCondition (HttpServletRequest request, HttpServletResponse
response,String queryString,String tokenString) {
        String data;
        String str1 = SemanticEntity.setStrYesBegin("\"附近有什么川菜馆\"",
                    "\"restaurant\"");
        str1 = str1.replace("附近有什么川菜馆",queryString);
        String str2 = SemanticEntity.setStrSelectCity("\"徐州\"");
        data = str1 + str2 + SemanticEntity.strYesEnd;
        JSONObject jsonObject = QueryDataTemplate.query(tokenString,data);
        String answer = jsonObject.getJSONObject("semantic").getJSONObject("details").
        getString("answer");
        String toUserName = "obKWL6Q6awrcWSKz3LeSmcOYubfc";
        String fromUserName = "gh_0acb8bcc8eef";
        String xml = "<xml>" +
                "<ToUserName>" + toUserName + "</ToUserName>" +
                "<FromUserName>" + fromUserName + "</FromUserName>" +
                "<CreateTime>" + new Date().getTime() + "</CreateTime>" +
                "<MsgType>text</MsgType>" +
                "<Content>" + answer + "</Content>" +
                "</xml>";
        System.out.println(xml);
        OutAndSendUtil.sendMessageToWXAppClient(xml,response);
```

```
    }
    void queryWeather2(String tokenString){
        String data = "";
        String str1 = SemanticEntity.setStrYesBegin("\"查一下今天徐州的天气预报\"",
                    "\"weather\"");
        String str2 = SemanticEntity.setStrSelectCity("\"徐州\"");
        data  = str1 + str2 + SemanticEntity.strYesEnd;
        QueryDataTemplate.query(tokenString,data);
    }
    void queryWeather1(HttpServletRequest request, HttpServletResponse response,String tokenString){
        String data  =  "{\n" +
                    "\"query\":\"查一下今天徐州的天气预报\",\n" +
                    "\"city\":\"徐州\",\n" +
                    "\"category\": \"weather\",\n" +
                    "\"appid\":\"wxd2f278459c83a8e2\",\n" +
                    "\"uid\":\"obKWL6Q6awrcWSKz3LeSmcOYubfc\"\n" +
                    "}";
        QueryDataTemplate.query(tokenString,data);
    }
    void test(HttpServletRequest request, HttpServletResponse response,String tokenString){
        String url  =  "http://mp.weixin.qq.com/debug/cgi - bin/sandbox?t = sandbox/login";
        url  =  url.replace("ACCESS_TOKEN", tokenString);
        String html =  URLtoTokenUtil.getTemptURLToken(url);
        //将输出结果保存为 HTML 文件,即可显示页面
        try {
            PrintStream printStream  =  new PrintStream(new FileOutputStream("test2.html"));
            printStream.println(html);
        } catch (Exception e) {
            e.printStackTrace();
        }
    }
}
```

11.2.4 运行程序

启动内网穿透工具后，按照例 10-12 中注释给出的提示修改 WXJSAPIController 的相对地址，并再次运行项目入口类 WxgzptkfbookApplication。

在工具 Postman 的 URL 中输入 http://localhost:8080/，选择 POST 方法成功运行程序后，Postman 返回的信息如图 11-1 所示。此时在控制台中的输出如例 11-4 所示。

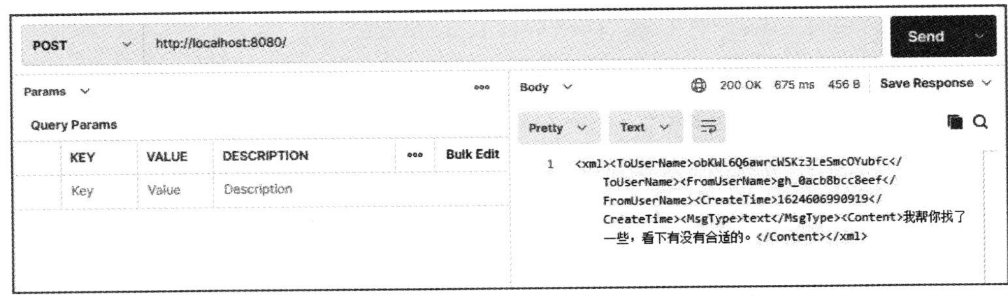

图 11-1　运行工具 Postman 后 Postman 返回的信息结果

【例 11-4】 控制台的输出示例。

```
——————查找附近有什么川菜馆——————
{"errcode":0,"semantic":{"details":{"context_info":{"null_times":"1","isFinished":"1"},"hit_str":"附近 有 什么 川菜 馆 ","answer":"我帮你找了一些,看下有没有合适的.","category":"川菜"},"intent":"SEARCH"},"query":"附近有什么川菜馆","type":"restaurant"}
<xml><ToUserName>obKWL6Q6awrcWSKz3LeSmcOYubfc</ToUserName><FromUserName>gh_0acb8bcc8eef</FromUserName><CreateTime>1624606990919</CreateTime><MsgType>text</MsgType><Content>我帮你找了一些,看下有没有合适的。</Content></xml>
——————江苏师范大学有没有人均 100 元左右的火锅店——————
{"errcode":0,"semantic":{"details":{"context_info":{"null_times":"1","isFinished":"1"},"hit_str":"江苏 师范 大学 有 没有 火锅 店 ","answer":"我帮你找了一些,看下有没有合适的.","location":{"province":"江苏省","city":"南京市","province_simple":"江苏","poi":"江苏师范大学","type":"NORMAL_POI","loc_ori":"江苏师范大学","city_simple":"南京"},"category":"火锅"},"intent":"SEARCH"},"query":"江苏师范大学有没有人均 100 元左右的火锅店","type":"restaurant"}
——————江苏师范大学的位置——————
{"errcode":0,"semantic":{"details":{"context_info":{},"hit_str":"江苏 师范 大学 的 位置 ","answer":"","start_loc":{"province":"江苏省","city":"南京市","province_simple":"江苏","poi":"江苏师范大学","type":"NORMAL_POI","loc_ori":"江苏师范大学","city_simple":"南京"}},"intent":"SEARCH"},"query":"江苏师范大学的位置","type":"map"}
——————江苏师范大学附近——————
{"errcode":0,"semantic":{"details":{"context_info":{},"hit_str":"江苏 师范 大学 附近 有 啥 体育馆 ","answer":"","location":{"province":"江苏省","city":"南京市","province_simple":"江苏","poi":"江苏师范大学","type":"NORMAL_POI","loc_ori":"江苏师范大学","city_simple":"南京"},"keyword":"体育馆","is_expand":"1"},"intent":"SEARCH"},"query":"江苏师范大学附近有啥体育馆","type":"nearby"}
——————徐州市铜山万达附近有什么优惠券——————
{"errcode":0,"semantic":{"details":{"context_info":{},"hit_str":"附近 有 什么 优惠 券 ","answer":"","coupon":"1"},"intent":"SEARCH"},"query":"附近有什么优惠券","type":"coupon"}
——————查询酒店——————
{"errcode":0,"semantic":{"details":{"context_info":{"null_times":"1","isFinished":"0"},"hit_str":"附近 有 五 星级 酒店 ","answer":" 入住时间呢~","is_near":"NEAR","level":"五星级酒店"},"intent":"SEARCH"},"query":"附近有 WiFi 的五星级酒店","type":"hotel"}
——————查询旅游服务——————
{"errcode":0,"semantic":{"details":{"context_info":{},"hit_str":"故宫 门票 多少 钱 ","answer":"","spot":"故宫"},"intent":"PRICE"},"query":"故宫门票多少钱","type":"travel"}
——————查询机票第一种方法——————
{"errcode":0,"semantic":{"details":{"context_info":{"null_times":"0","isFinished":"1"},"hit_str":"查 一下 明天 从 北京 到 上海 南航 机票 ","answer":"好的,你订了从北京市到上海市,2021-06-26 出发的航班,请确认.","end_loc":{"city":"上海市","modify_times":"0","type":"LOC_CITY","loc_ori":"上海","slot_content_type":"2","city_simple":"上海|沪|申"},"start_loc":{"city":"北京市","modify_times":"0","type":"LOC_CITY","loc_ori":"北京","slot_content_type":"2","city_simple":"北京"},"airline":"中国南方航空公司","start_date":{"date":"2021-06-26","week":"6","date_lunar":"2021-05-17","date_ori":"明天","modify_times":"0","type":"DT_ORI","slot_content_type":"2"}},"intent":"SEARCH"},"query":"查一下明天从北京到上海的南航机票","type":"flight"}
——————查询机票第二种方法——————
{"errcode":0,"semantic":{"details":{"context_info":{"null_times":"0","isFinished":"1"},"hit_str":"查 一下 明天 上午 九点 从 徐州 到 上海 南航 机票 ","answer":"好的,你订了从徐州市到上海市,2021-06-26 出发的航班,请确认.","end_loc":{"city":"上海市","modify_times":"0","type":"LOC_CITY","loc_ori":"上海","slot_content_type":"2","city_simple":"上海|沪|申"},"start_loc":
```

{"province":"江苏省","city":"徐州市","province_simple":"江苏|苏","modify_times":"0","type":"LOC_CITY","loc_ori":"徐州","slot_content_type":"2","city_simple":"徐州"},"airline":"中国南方航空公司","start_date":{"date":"2021-06-26","week":"6","date_lunar":"2021-05-17","date_ori":"明天","time_ori":"上午九点","modify_times":"0","time":"09:00:00","type":"DT_ORI","slot_content_type":"2"}},"intent":"SEARCH"},"query":"查一下明天上午九点从徐州到上海的南航机票","type":"flight"}

——————查询火车服务——————

{"errcode":0,"semantic":{"details":{"hit_str":"明天 从 徐州 到 上海 的 高铁 ","answer":"好的,你需要预定的车票出发地点是徐州市,抵达地点是上海市,出发时间是 2021-06-26,我们为您搜索到如下车票信息:","end_loc":{"city":"上海市","type":"LOC_CITY","loc_ori":"上海","city_simple":"上海"},"start_loc":{"province":"江苏省","city":"徐州市","province_simple":"江苏|苏","type":"LOC_CITY","loc_ori":"徐州","city_simple":"徐州"},"category":"G","start_date":{"date":"2021-06-26","week":"6","date_lunar":"2021-05-17","date_ori":"明天","type":"DT_ORI"}},"intent":"SEARCH"},"query":"明天从徐州到上海的高铁","type":"train"}

——————查找上映电影信息——————

{"errcode":0,"semantic":{"details":{"actor":"刘德华","context_info":{},"hit_str":"最近 一个 月 上映 了 哪些 刘 德华 电影 ","datetime":{"date":"2021-05-27","end_date":"2021-06-24","end_week":"4","week":"4","date_lunar":"2021-04-16","end_date_lunar":"2021-05-15","type":"DT_INTERVAL"},"answer":"","invalid_type":"INVALID_DATETIME"},"intent":"SEARCH"},"query":"最近一个月上映了哪些刘德华的电影","type":"movie"}

——————查找音乐服务——————

{"errcode":0,"semantic":{"details":{"context_info":{"null_times":"1","isFinished":"1"},"song":"东风破","hit_str":"我 想 听 周 杰伦 的 东风 破 ","answer":"好嘞,这就带你去听.","singer":"周杰伦"},"intent":"SEARCH"},"query":"我想听周杰伦的东风破","type":"music"}

——————查找视频信息——————

{"errcode":0,"semantic":{"details":{"context_info":{"null_times":"0","isFinished":"1"},"hit_str":"我 想 看 了不起 的 爸爸 ","answer":"好嘞,这就带你去看了不起的爸爸.","name":"了不起的爸爸"},"intent":"SEARCH"},"query":"我想看了不起的爸爸","type":"video"}

——————查找小说服务——————

{"errcode":20703,"query":"来点莫言写的小说"}

——————查询天气第一种方法——————

{"errcode":0,"semantic":{"details":{"context_info":{},"hit_str":"查 一下 今天 徐州 的天气 预报 ","datetime":{"date":"2021-06-25","week":"5","date_lunar":"2021-05-16","date_ori":"今天","type":"DT_ORI"},"answer":"","location":{"province":"江苏省","city":"徐州市","province_simple":"江苏|苏","type":"LOC_CITY","loc_ori":"徐州","city_simple":"徐州"}},"intent":"SEARCH"},"query":"查一下今天徐州的天气预报","type":"weather"}

——————查询天气第二种方法——————

{"errcode":0,"semantic":{"details":{"context_info":{},"hit_str":"查 一下 今天 徐州 的天气 预报 ","datetime":{"date":"2021-06-25","week":"5","date_lunar":"2021-05-16","date_ori":"今天","type":"DT_ORI"},"answer":"","location":{"province":"江苏省","city":"徐州市","province_simple":"江苏|苏","type":"LOC_CITY","loc_ori":"徐州","city_simple":"徐州"}},"intent":"SEARCH"},"query":"查一下今天徐州天气预报","type":"weather"}

——————查找股票信息——————

{"errcode":0,"semantic":{"details":{"context_info":{},"hit_str":"查 一下 腾讯 股价 ","code":"00700","answer":"","name":"腾讯控股","category":"hk"},"intent":"SEARCH"},"query":"查一下腾讯股价","type":"stock"}

——————查找提醒服务——————

{"errcode":0,"semantic":{"details":{"context_info":{},"hit_str":"提醒 我 一下 明天 上午 十点 开会 ","datetime":{"date":"2021-06-26","week":"6","date_lunar":"2021-05-17","date_ori":"明天","time_ori":"上午十点","time":"10:00:00","type":"DT_ORI"},"answer":"","remind_type":"0","event":"开会"},"intent":"SEARCH"},"query":"提醒我一下明天上午十点开会","type":"remind"}

——————查询电话服务——————
{"errcode":0,"semantic":{"details":{"context_info":{},"hit_str":"招行 的 客服 电话 ","answer":"","name":"招行","telephone":"95555"},"intent":"SEARCH"},"query":"招行的客服电话","type":"telephone"}
——————查询菜谱信息——————
{"errcode":0,"semantic":{"details":{"context_info":{},"hit_str":"宫保 鸡丁 的 做法 ","answer":"","name":"宫保鸡丁"},"intent":"SEARCH"},"query":"宫保鸡丁的做法","type":"cookbook"}
——————查询百科知识——————
{"errcode":20703,"query":"微信是什么"}
——————查询新闻——————
{"errcode":20703,"query":"最近一周有什么体育新闻"}
——————查询电视节目预告——————
{"errcode":0,"semantic":{"details":{"context_info":{},"hit_str":"明天 晚上 六点 北京 台 有 什么 节目 ","datetime":{"date":"2021-06-26","week":"6","date_lunar":"2021-05-17","date_ori":"明天","time_ori":"晚上六点","time":"18:00:00","type":"DT_ORI"},"answer":"","tv_name":"北京台"},"intent":"SEARCH"},"query":"明天晚上六点北京台有什么节目","type":"tv"}
——————查询网址服务——————
{"errcode":0,"semantic":{"details":{"context_info":{},"hit_str":"我 要 浏览 腾讯 网 ","answer":"","name":"腾讯网"},"intent":"SEARCH"},"query":"我要浏览腾讯网","type":"website"}
——————网页搜索——————
{"errcode":20703,"query":"百度一下亚洲杯"}

11.3　翻译的应用开发

视频讲解

11.3.1　创建类 TranslateController

继续在 11.2 节的基础上进行开发。在包 edu.bookcode.exofsemantic 中创建类 TranslateController,代码如例 11-5 所示。

【例 11-5】　类 TranslateController 的代码示例。

```
package edu.bookcode.exofsemantic;
import edu.bookcode.service.TemptTokenUtil;
import edu.bookcode.util.*;
import org.springframework.web.bind.annotation.RequestMapping;
import org.springframework.web.bind.annotation.RestController;
import javax.servlet.http.HttpServletRequest;
import javax.servlet.http.HttpServletResponse;
import java.util.Map;
@RestController
public class TranslateController {
 //下面一行是运行本类时的相对地址
@RequestMapping("/")
 //为了测试方便,在运行其他类时,必须注释掉上一行代码,即修改相对地址
 //并可以去掉下一行代码的注释,修改本类的相对地址
 //@RequestMapping("/testTranslate")
 void testTranslate(HttpServletRequest request, HttpServletResponse response) throws Exception {
      String chinese = "你好";
```

```
        String tokenString = new TemptTokenUtil().getTokenInfo();
        request.setCharacterEncoding("UTF - 8");
        response.setCharacterEncoding("UTF - 8");
        Map < String, String > message = ProcessToMapUtil.requestToMap(request);
        String xml = ChangeMessageToXML.textMessageToXML(message);
        int ibeginContent = xml.indexOf("< Content >");
        int iendContent = xml.indexOf("</Content >");
        chinese = xml.substring(ibeginContent + 9, iendContent);
        String xmlBegin = xml.substring(0, ibeginContent + 9);
        String xmlMiddle = testTranslate(tokenString, chinese);      //将中文翻译成英文
        String xmlEnd = xml.substring(iendContent);
        OutAndSendUtil.outMessageToConsole(xmlBegin + xmlMiddle + xmlEnd);
        OutAndSendUtil.sendMessageToWXAppClient(xmlBegin + xmlMiddle + xmlEnd, response);
  }
  private String testTranslate(String tokenString, String chinese) {
        String url = "https://api.weixin.qq.com/cgi - bin/media/voice/translatecontent?access_
token = ACCESS_TOKEN&lfrom = zh_CN&lto = en_US";
        url = url.replace("ACCESS_TOKEN", tokenString);
        return PostAndGetMethodUtil.post(url, chinese).get("to_content").toString();
  }
}
```

11.3.2 运行程序

启动内网穿透工具后，按照例 11-3 中注释给出的提示修改 SemanticController 的相对地址，并再次运行项目入口类 WxgzptkfbookApplication。

在手机微信公众号中输入文本（如“你”），在手机微信公众号的回复文本消息中包含对应翻译结果（如 You），如图 11-2 所示。控制台中的输出结果如例 11-3 所示。

图 11-2 在手机微信公众号中输入文本后回复文本消息中包含对应的翻译

```
{"from_content":"你","to_content":"you"}
消息内容转换为XML输出到控制台:
<xml><ToUserName>obKWL6Q6awrcWSKz3LeSmcOYubfc</ToUserName><FromUserName>gh_0acb8bcc8eef</FromUserName
><CreateTime>1626571213188</CreateTime><MsgType>text</MsgType><Content>you</Content></xml>
```

图 11-3 在手机微信公众号中输入文本后翻译的结果在控制台中的输出结果

习题 11

简答题

简述微信公众平台中语义理解的特点。

实验题

1. 实现对语义理解的应用。
2. 实现对翻译的应用。

第12章

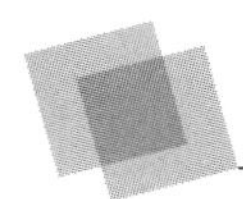

与第三方API的整合开发

本章介绍微信公众号中通过聚合数据 API 实现天气预报的应用开发、通过聚合数据 API 实现其他信息查询的应用开发、通过百度 API 实现天气预报的应用开发和百度地图等 API 的应用开发等内容。

12.1 通过聚合数据 API 实现天气预报的应用开发

12.1.1 辅助工作

先在聚合数据官方网站(https://www.juhe.cn/)注册个人用户信息，获得免费天气预报 API 的使用权限，记录接口请求 Key。可以用天气的接口获取天气预报信息，接口 URL 为"http://apis.juhe.cn/simpleWeather/query?city=%E8%8B%8F%E5%B7%9E&key=个人申请得到的接口请求 Key"，其中必需的参数 city 是 String 类型。

12.1.2 创建类 WxUtilService

继续在 11.3 节的基础上进行开发。在包 edu.bookcode.util 中创建类 WxUtilService，代码如例 12-1 所示。

【例 12-1】 类 WxUtilService 的代码示例。

```
package edu.bookcode.util;
import org.dom4j.Document;
import org.dom4j.DocumentException;
import org.dom4j.Element;
import org.dom4j.io.SAXReader;
```

```
import java.io.InputStream;
import java.util.HashMap;
import java.util.List;
import java.util.Map;
public class WxUtilService {
 public static Map<String,String> parseXML(InputStream is){
       SAXReader reader = new SAXReader();
       Document document;
       Map<String,String> messageMap = new HashMap<String, String>();
       try {
            document = reader.read(is);
            Element root = document.getRootElement();
            List<Element> elementsList = root.elements();
            for(Element e:elementsList){
                 messageMap.put(e.getName(),e.getText());
            }
            return messageMap;
       } catch (DocumentException e) {
            e.printStackTrace();
       }
       return null;
 }
}
```

12.1.3　创建类 WeatherService

在包 edu.bookcode 中创建 exofotherapi 子包，并在包 edu.bookcode.exofotherapi 中创建类 WeatherService，代码如例 12-2 所示。

【例 12-2】 类 WeatherService 的代码示例。

```
package edu.bookcode.exofotherapi;
import edu.bookcode.service.EncodeUtil;
import net.sf.json.JSONObject;
import java.io.BufferedReader;
import java.io.IOException;
import java.io.InputStream;
import java.io.InputStreamReader;
import java.net.HttpURLConnection;
import java.net.URL;
import java.nio.charset.StandardCharsets;
import java.util.HashMap;
import java.util.Map;
public class WeatherService {
 public static String getInfo(String city) throws IOException {
       String info = "还没有天气信息";
       String strurl = "http://apis.juhe.cn/simpleWeather/query";
       String API_KEY = "1a34da9a8c52d69728d519a3c0b35e7b";     //改成读者自己的 Key
       Map<String, Object> params = new HashMap<>();
       params.put("city", city);
```

```
        params.put("key", API_KEY);
        String queryParams = EncodeUtil.urlencode(params);
        URL url = new URL(new StringBuffer(strurl).append("?").append(queryParams).toString());
        String result;
        HttpURLConnection connection = (HttpURLConnection) url.openConnection();
        connection.setRequestMethod("GET");
        connection.setConnectTimeout(5000);
        connection.setReadTimeout(6000);
        connection.connect();
        if (connection.getResponseCode() == 200) {
            InputStream inputStream = connection.getInputStream();
            BufferedReader bufferedReader = new BufferedReader(new InputStreamReader(inputStream,
            StandardCharsets.UTF_8));
            StringBuilder sbf = new StringBuilder();
            String temp;
            while ((temp = bufferedReader.readLine()) != null) {
                sbf.append(temp);
                sbf.append(System.getProperty("line.separator"));
            }
            result = sbf.toString();
            try {
                JSONObject jsonObjectJO = JSONObject.fromObject(result);
                int error_code = jsonObjectJO.getInt("error_code");
                if (error_code == 0) {
                    System.out.println("调用接口成功");
                    JSONObject resultJO = jsonObjectJO.getJSONObject("result");
                    JSONObject realtime = resultJO.getJSONObject("realtime");
                    System.out.printf("城市：%s%n", resultJO.getString("city"));
                    System.out.printf("天气：%s%n", realtime.getString("info"));
                    System.out.printf("温度：%s%n", realtime.getString("temperature"));
                    info = resultJO.getString("city") + "温度：" + realtime.getString
                    ("temperature");
                    info += "，湿度：" + realtime.getString("humidity");
                    System.out.printf("湿度：%s%n", realtime.getString("humidity"));
                    info += "，风向：" + realtime.getString("direct");
                    System.out.printf("风向：%s%n", realtime.getString("direct"));
                    info += "，风力：" + realtime.getString("power");
                    System.out.printf("风力：%s%n", realtime.getString("power"));
                    System.out.printf("空气质量：%s%n", realtime.getString("aqi"));
                    info += "，空气质量：" + realtime.getString("aqi") + "。";
                } else {
                    System.out.println("调用接口失败：" + jsonObjectJO.getString
                    ("reason"));
                }
            } catch (Exception e) {
                e.printStackTrace();
            }
        }
        return info;
    }
}
```

12.1.4 创建类 WeatherAPI2Controller

在包 edu.bookcode.exofotherapi 中创建类 WeatherAPI2Controller，代码如例 12-3 所示。

【例 12-3】 类 WeatherAPI2Controller 的代码示例。

```
package edu.bookcode.exofotherapi;
import edu.bookcode.util.WxUtilService;
import org.springframework.web.bind.annotation.RequestMapping;
import org.springframework.web.bind.annotation.RestController;
import javax.servlet.http.HttpServletRequest;
import javax.servlet.http.HttpServletResponse;
import java.io.*;
import java.util.Map;
@RestController
public class WeatherAPI2Controller {
 //下面一行是运行本类时的相对地址
 @RequestMapping("/")
 //为了测试方便,在运行其他类时,必须注释掉上一行代码,即修改相对地址
 //并可以去掉下一行代码的注释,修改本类的相对地址
 //@RequestMapping("/WeatherAPI2")
void testWeatherAPI2 (HttpServletRequest request, HttpServletResponse response) throws
IOException {
      Map<String,String> requestMap = WxUtilService.parseXML(request.getInputStream());
      String cont = requestMap.get("Content");
      System.out.println("接入成功:" + cont);
      WeatherService.getInfo(cont);
 }
}
```

12.1.5 运行程序

启动内网穿透工具后，按照例 11-5 中注释给出的提示修改 TranslateController 的相对地址，并再次运行项目入口类 WxgzptkfbookApplication。

在手机微信公众号中输入文本（如“徐州”），此时在控制台中的输出如例 12-1 所示。

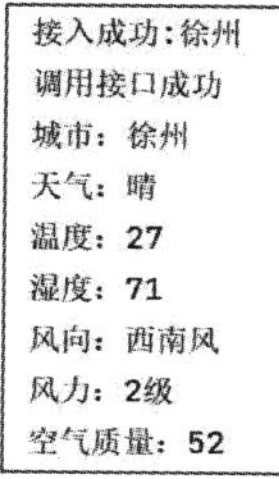
接入成功：徐州
调用接口成功
城市：徐州
天气：晴
温度：27
湿度：71
风向：西南风
风力：2级
空气质量：52

图 12-1 在手机微信公众号中输入“徐州”后控制台的输出

12.2 通过聚合数据 API 实现其他信息查询的应用开发

12.2.1 辅助工作

视频讲解

先在聚合数据官方网站中获得免费手机号归属地、热门视频榜单、新闻头条、汇率信息、标准电码、邮编、图书电商数据等查询 API 的使用权限，记录各个接口请求的 Key。再了解这些接口的相关信息，如接口地址、请求方法和相关参数。

12.2.2 创建类 JHSJOtherAPIController

继续在 12.1 节的基础上进行开发。在包 edu.bookcode.exofotherapi 中创建类 JHSJOtherAPIController，代码如例 12-4 所示。

【例 12-4】 类 JHSJOtherAPIController 的代码示例。

```
package edu.bookcode.exofotherapi;
import edu.bookcode.util.PostAndGetMethodUtil;
import org.springframework.web.bind.annotation.RequestMapping;
import org.springframework.web.bind.annotation.RestController;
import javax.servlet.http.HttpServletRequest;
import javax.servlet.http.HttpServletResponse;
import java.io.*;
@RestController
public class JHSJOtherAPIController {
 //下面一行是运行本类时的相对地址
 @RequestMapping("/")
 //为了测试方便,在运行其他类时,必须注释掉上一行代码,即修改相对地址
 //并可以去掉下一行代码的注释,修改本类的相对地址
 //@RequestMapping("/testJHSJOtherAPI")
void testJHSJOtherAPI ( HttpServletRequest request, HttpServletResponse response ) throws
IOException {
      System.out.println("————————手机号归属地————————");
      String API_KEY = "78376630c589e43b63636f17b4d24be4";     //注意 Key 的不同
      testPhone(API_KEY);
      System.out.println("————————热门视频榜单————————");
      API_KEY = "b7583fa46e69fb08ba56d5527cd1639b";
      testHotVideo(API_KEY);
      System.out.println("————————新闻头条————————");
      API_KEY = "b187e5707a8355a06511771ae2b65ccb";
      testTopNews(API_KEY);
      System.out.println("————————汇率————————");
      API_KEY = "df484863050a357809c9700acfcfab3a";
      testExchange(API_KEY);
      System.out.println("————————标准电码查询————————");
      API_KEY = "0de748077f8a3aa89bcbedef5421d31f";
      testECode(API_KEY);
```

```
        System.out.println("————————邮编查询————————");
        API_KEY = "adf9bcc26b089526a6443b907dd01fbf";
        testPostCode(API_KEY);
        System.out.println("————————图书电商数据查询————————");
        API_KEY = "3f8dcb12dbbcc361db8a04b22e1a76f3";
        testBooks(API_KEY);
    }
    private void testBooks(String api_key) {
        String url = "http://apis.juhe.cn/goodbook/catalog?key = AppKEY&dtype = json";
                                                                          //你申请的 key
        url = url.replace("AppKEY",api_key);
        System.out.println(PostAndGetMethodUtil.get(url));
    }
    private void testPostCode(String api_key) {
        String url = "http://v.juhe.cn/postcode/query?postcode = 215001&key = AppKEY";
        url = url.replace("AppKEY",api_key);
        System.out.println(PostAndGetMethodUtil.get(url));
    }
    private void testECode(String api_key) {
        String url = "http://v.juhe.cn/telecode/to_telecodes.php?chars = %e8%81%9a%e5%
        90%88%e6%95%b0%e6%8d%ae&key = AppKEY";
        url = url.replace("AppKEY",api_key);
        System.out.println(PostAndGetMethodUtil.get(url));
    }
    private void testExchange(String api_key) {
        String url = "http://op.juhe.cn/onebox/exchange/query?key = AppKEY";
        url = url.replace("AppKEY",api_key);
        System.out.println(PostAndGetMethodUtil.get(url));
    }
    private void testTopNews(String api_key) {
        String url = "http://v.juhe.cn/toutiao/index?type = top&key = AppKEY";
        url = url.replace("AppKEY",api_key);
        System.out.println(PostAndGetMethodUtil.get(url));
    }
    private void testHotVideo(String api_key) {
        String url = "http://apis.juhe.cn/fapig/douyin/billboard?key = KEY&type = hot_video";
        url = url.replace("KEY",api_key);
        System.out.println(PostAndGetMethodUtil.get(url));
    }
    private void testPhone(String api_key) {
        String url = "http://apis.juhe.cn/mobile/get?phone = 13429667914&key = KEY";
        url = url.replace("KEY",api_key);
        System.out.println(PostAndGetMethodUtil.get(url));
    }
}
```

12.2.3　运行程序

启动内网穿透工具后，按照例 12-3 中注释给出的提示修改 WeatherAPI2Controller 的相对地址，并再次运行项目入口类 WxgzptkfbookApplication。

在工具 Postman 的 URL 中输入 http://localhost:8080/，选择 POST 方法成功运行程序后，在控制台中输出"手机号归属地""热门视频榜单""新闻头条""汇率""标准电码查询""邮编查询""图书电商数据查询"等查询结果。不同时间的查询结果会有差异（如不同时间的汇率可能不同）。控制台中的具体输出结果读者可参考自行运行的结果或者参考视频内容，并结合例 12-4 对照运行结果。

视频讲解

12.3 通过百度 API 实现天气预报的应用开发

12.3.1 辅助工作

百度天气查询服务是一套 REST 风格的 Web 服务 API，以 HTTP 形式提供了实时和未来天气查询服务。先在百度官方网站注册个人用户信息，获得免费天气预报 API 的使用权限，记录接口请求 ak。百度天气接口 URL 地址为 http://api.map.baidu.com/weather/v1/?district_id=222405&data_type=all&ak=AK，占位参数 AK 代表个人申请得到的接口请求 ak，采用的请求方法是 GET 方法。其中，data_type 是 String 类型，是必需的参数，代表请求数据类型；数据类型有 now、fc、index、alert、fc_hou、all，控制返回内容。

12.3.2 创建类 BaiduWeatherController

继续在 12.2 节的基础上进行开发。在包 edu.bookcode 中创建 exbaiduapi 子包，并在包 edu.bookcode.exbaiduapi 中创建类 BaiduWeatherController，代码如例 12-5 所示。

【例 12-5】 类 BaiduWeatherController 的代码示例。

```
package edu.bookcode.exbaiduapi;
import edu.bookcode.util.PostAndGetMethodUtil;
import org.springframework.web.bind.annotation.RequestMapping;
import org.springframework.web.bind.annotation.RestController;
@RestController
public class BaiduWeatherController {
 //下面一行是运行本类时的相对地址
 @RequestMapping("/")
 //为了测试方便，在运行其他类时，必须注释掉上一行代码，即修改相对地址
 //并可以去掉下一行代码的注释，修改本类的相对地址
 //@RequestMapping("/testWeather")
 void testBaiduAPI(){
      String url = "http://api.map.baidu.com/weather/v1/?district_id = 222405&data_type =
      all&ak = AK";
      String ak = "wG0CD2SQcPrvwFwx2CZ2YwrfGuj0NQf0";     //改成读者自己的 ak
      url = url.replace("AK",ak);
      System.out.println(PostAndGetMethodUtil.get(url));
 }
}
```

12.3.3　运行程序

启动内网穿透工具后，按照例 12-4 中注释给出的提示修改 JHSJOtherAPIController 的相对地址，并再次运行项目入口类 WxgzptkfbookApplication。

在工具 Postman 的 URL 中输入 http://localhost：8080/，选择 POST 方法成功运行程序后，控制台中的输出如例 12-6 所示。

【例 12-6】　控制台中的输出示例。


```
{"result":{"now":{"temp":18,"rh":86,"wind_class":"8级","text":"阴","wind_dir":"西北风","feels_like":21,"uptime":"20210626165000"},"location":{"country":"中国","province":"吉林省","city":"延边朝鲜族自治州","name":"龙井","id":"222405"},"forecasts":[{"wd_night":"东南风","date":"2021-06-26","high":28,"week":"星期六","text_night":"多云","wd_day":"东风","low":16,"wc_night":"<3级","text_day":"多云","wc_day":"<3级"},{"wd_night":"东南风","date":"2021-06-27","high":26,"week":"星期日","text_night":"小雨","wd_day":"东风","low":16,"wc_night":"<3级","text_day":"雷阵雨","wc_day":"<3级"},{"wd_night":"东风","date":"2021-06-28","high":28,"week":"星期一","text_night":"晴","wd_day":"东风","low":16,"wc_night":"<3级","text_day":"雷阵雨","wc_day":"<3级"},{"wd_night":"东风","date":"2021-06-29","high":28,"week":"星期二","text_night":"小雨","wd_day":"东北风","low":16,"wc_night":"<3级","text_day":"雷阵雨","wc_day":"<3级"},{"wd_night":"东南风","date":"2021-06-30","high":24,"week":"星期三","text_night":"小雨","wd_day":"东南风","low":15,"wc_night":"<3级","text_day":"小雨","wc_day":"3～4级"}]},"message":"success","status":0}
```


```
{"result":{"now":{"temp":18,"rh":86,"wind_class":"8级","text":"阴","wind_dir":"西北风","feels_like":21,"uptime":"20210626165000"},"location":{"country":"中国","province":"吉林省","city":"延边朝鲜族自治州","name":"龙井","id":"222405"},"forecasts":[{"wd_night":"东南风","date":"2021-06-26","high":28,"week":"星期六","text_night":"多云","wd_day":"东风","low":16,"wc_night":"<3级","text_day":"多云","wc_day":"<3级"},{"wd_night":"东南风","date":"2021-06-27","high":26,"week":"星期日","text_night":"小雨","wd_day":"东风","low":16,"wc_night":"<3级","text_day":"雷阵雨","wc_day":"<3级"},{"wd_night":"东风","date":"2021-06-28","high":28,"week":"星期一","text_night":"晴","wd_day":"东风","low":16,"wc_night":"<3级","text_day":"雷阵雨","wc_day":"<3级"},{"wd_night":"东风","date":"2021-06-29","high":28,"week":"星期二","text_night":"小雨","wd_day":"东北风","low":16,"wc_night":"<3级","text_day":"雷阵雨","wc_day":"<3级"},{"wd_night":"东南风","date":"2021-06-30","high":24,"week":"星期三","text_night":"小雨","wd_day":"东南风","low":15,"wc_night":"<3级","text_day":"小雨","wc_day":"3～4级"}]},"message":"success","status":0}
```


12.3.4　天气预报功能不同实现方法说明

11.2 节和 12.1 节以及本节都实现了天气预报的功能，开发的思路类似，都是通过调用服务提供商提供的 API 访问获得天气数据，并呈现查询的结果。这是调用提供的接口(API)进行开发的共同特点，开发时关键点在于了解不同 API 的调用方法。

12.4 百度地图等 API 的应用开发

12.4.1 创建类 BaseParam

视频讲解

继续在 12.3 节的基础上进行开发。在包 edu.bookcode.exbaiduapi 中创建类 BaseParam,代码如例 12-7 所示。

【例 12-7】 类 BaseParam 的代码示例。

```
package edu.bookcode.exbaiduapi;
import lombok.AllArgsConstructor;
import lombok.Data;
@Data
@AllArgsConstructor
public class BaseParam {
 String query;
 String ak = "wG0CD2SQcPrvwFwx2CZ2YwrfGuj0NQf0";      //改成读者自己的 ak
 public BaseParam(String query) {
      setQuery(query);
      setAk(ak);
 }
}
```

12.4.2 创建类 PlaceSearch

在包 edu.bookcode.exbaiduapi 中创建类 PlaceSearch,代码如例 12-8 所示。

【例 12-8】 类 PlaceSearch 的代码示例。

```
package edu.bookcode.exbaiduapi;
public class PlaceSearch {
 public static String searchPlaceDetail(BaseParam baseParam, String other) {
String url = "http://api.map.baidu.com/place/v2/detail?uid = POI_TYPE1&output = json&scope =
2&ak = AK";
      url = url.replace("POI_TYPE1", baseParam.getQuery());
      url = url.replace("AK", baseParam.getAk());
      if(other.length()> 0) {
            url = url + other;
      }
      return url;
 }
public static String searchPlaceCircle(BaseParam baseParam, String location, String radius,
String other) {
      String url = "http://api.map.baidu.com/place/v2/search?query = POI_TYPE1&location =
      LOCATION&radius = RADIUS&output = json&ak = AK";
      url = url.replace("POI_TYPE1", baseParam.getQuery());
      url = url.replace("LOCATION",location);
      url = url.replace("RADIUS",radius);
```

```
        url = url.replace("AK", baseParam.getAk());
        if(other.length()> 0) {
            url = url + other;
        }
        return url;
    }
    public static String searchAdministrativeDivision(String poiType1, String poiType2, String
region, String ak,String other) {
        String url = "http://api.map.baidu.com/place/v2/search?query = POI_TYPE1&tag = POI_
        TYPE2&region = REGION&output = json&ak = AK";
        url = url.replace("POI_TYPE1",poiType1);
        if(poiType2.length()> 0) {
            url = url.replace("POI_TYPE2",poiType2);
        } else {
            url = url.replace("&tag = POI_TYPE2","");
        }
        url = url.replace("REGION",region);
        url = url.replace("AK",ak);
        if(other.length()> 0) {
            url = url + other;
        }
        return url;
    }
}
```

12.4.3 创建类 PlaceSuggestion

在包 edu.bookcode.exbaiduapi 中创建类 PlaceSuggestion，代码如例 12-9 所示。

【例 12-9】 类 PlaceSuggestion 的代码示例。

```
package edu.bookcode.exbaiduapi;
public class PlaceSuggestion {
    public static String PlaceSuggestion(BaseParam baseParam, String region, String other) {
        String url = "http://api.map.baidu.com/place/v2/suggestion?query = POI_TYPE1&region =
        REGION&city_limit = true&output = json&ak = AK";
        url = url.replace("POI_TYPE1", baseParam.getQuery());
        url = url.replace("REGION",region);
        url = url.replace("AK", baseParam.getAk());
        if(other.length()> 0) {
            url = url + other;
        }
        return url;
    }
}
```

12.4.4 创建类 PlacePoint

在包 edu.bookcode.exbaiduapi 中创建类 PlacePoint，代码如例 12-10 所示。

【例 12-10】 类 PlacePoint 的代码示例。

```
package edu.bookcode.exbaiduapi;
import lombok.AllArgsConstructor;
import lombok.Data;
import java.util.Date;
@Data
@AllArgsConstructor
public class PlacePoint {
 public PlacePoint(String latitude, String longitude) {
      this.latitude = latitude;
      this.longitude = longitude;
 }
 public PlacePoint(double latitude,double longitude) {
      this.latitude = String.valueOf(latitude);
      this.longitude = String.valueOf(longitude);
 }
 String latitude;                          //纬度,支持小数点后 6 位
 String longitude;                         //经度,支持小数点后 6 位
 String coord_type_input = "bd0911";       //轨迹点的坐标系,bd0911 为百度经纬度坐标
loc_time = new Date().getTime();           //轨迹点的定位时间,使用 UNIX 时间戳
}
```

12.4.5 创建类 GeoCoding

在包 edu.bookcode.exbaiduapi 中创建类 GeoCoding,代码如例 12-11 所示。

【例 12-11】 类 GeoCoding 的代码示例。

```
package edu.bookcode.exbaiduapi;
public class GeoCoding {
 public static String GeoCode(BaseParam baseParam, String other) {
      String url = "http://api.map.baidu.com/geocoding/v3/?address = POI_TYPE1&output =
      json&ak = AK";
      url = url.replace("POI_TYPE1", baseParam.getQuery());
      url = url.replace("AK", baseParam.getAk());
      if(other.length()> 0) {
           url = url + other;
      }
      return url;
 }
      public static String reverseGeoCode(BaseParam baseParam, String other) {
      String url = "http://api.map.baidu.com/reverse_geocoding/v3/?ak = AK&output = json&coordtype =
      wgs84ll&location = POI_TYPE1";
      url = url.replace("POI_TYPE1", baseParam.getQuery());
      url = url.replace("AK", baseParam.getAk());
      if(other.length()> 0) {
           url = url + other;
      }
      return url;
 }
}
```

12.4.6 创建类 TestBaiduAPIController

在包 edu.bookcode.exbaiduapi 中创建类 TestBaiduAPIController，代码如例 12-12 所示。

【例 12-12】 类 TestBaiduAPIController 的代码示例。

```
package edu.bookcode.exbaiduapi;
import edu.bookcode.service.CommonUtil;
import edu.bookcode.util.PostAndGetMethodUtil;
import net.sf.json.JSONObject;
import org.springframework.web.bind.annotation.RequestMapping;
import org.springframework.web.bind.annotation.RestController;
@RestController
public class TestBaiduAPIController {
 String ak = "wG0CD2SQcPrvwFwx2CZ2YwrfGuj0NQf0";
 //下面一行是运行本类时的相对地址
 @RequestMapping("/")
 //为了测试方便,在运行其他类时,必须注释掉上一行代码,即修改相对地址
 //并可以去掉下一行代码的注释,修改本类的相对地址
 //@RequestMapping("/testBaiduAPI")
 void testBaiduAPI(){
       System.out.println("————————地点检索服务————————");
       testSearchPlace();                  //地点检索服务
       System.out.println("————————地点输入服务————————");
       testSuggestionPlace();              //地点输入提示
       System.out.println("————————地理编码服务————————");
       testGeoCoding();                    //地理编码与逆地理编码
       System.out.println("————————路径规划服务————————");
       testDrivingPlan();                  //轻量级路径规划
       System.out.println("————————地址解析服务————————");
       testAddressAnalyzer();              //地址解析
       System.out.println("————————行政区划服务————————");
       testAdministrativeDivision();       //行政区划
       System.out.println("————————IP 服务————————");
       testIP();                           //IP
 }
 private void testIP() {
       String url = "http://api.map.baidu.com/location/ip?&ak = AK";
       String ak = "wG0CD2SQcPrvwFwx2CZ2YwrfGuj0NQf0";     //改成读者自己的 ak
       url = url.replace("AK",ak);
       System.out.println(PostAndGetMethodUtil.get(url));
 }
 private void testAdministrativeDivision() {
String url = "http://api.map.baidu.com/api_region_search/v1/?keyword = 江苏 &sub_admin = 2&ak = AK";
       String ak = "wG0CD2SQcPrvwFwx2CZ2YwrfGuj0NQf0";
       url = url.replace("AK",ak);
       System.out.println(PostAndGetMethodUtil.get(url));
 }
```

```
private void testAddressAnalyzer() {
    String url = "http://api.map.baidu.com/address_analyzer/v1?address = 江苏师范大学泉山校区 &ak = AK";
    String ak = "wG0CD2SQcPrvwFwx2CZ2YwrfGuj0NQf0";
    url = url.replace("AK",ak);
    System.out.println(PostAndGetMethodUtil.get(url));
}
private void testDrivingPlan() {
    String url = " http://api.map.baidu.com/directionlite/v1/driving?origin = 40.01116,116.339303&destination = 39.936404,116.452562&ak = AK";
    String ak = "wG0CD2SQcPrvwFwx2CZ2YwrfGuj0NQf0";
    url = url.replace("AK",ak);
    System.out.println(PostAndGetMethodUtil.get(url));
}
private void testGeoCoding() {
    BaseParam baseParam  = new BaseParam("江苏师范大学泉山校区");
    testGeoCode(baseParam,"");
    BaseParam baseParam2  = new BaseParam("34.20365617404032,117.19278526776448");
    testReverseGeoCode(baseParam2,"");
}
private void testReverseGeoCode(BaseParam baseParam, String other) {
    String url = GeoCoding.reverseGeoCode(baseParam,other);
    JSONObject jsonObject =  CommonUtil.httpsRequest(url,"GET",null);
    System.out.println(jsonObject.toString());
}
private void testSuggestionPlace() {
    BaseParam baseParam  = new BaseParam("江苏师范大学");
    testPlaceSuggestion(baseParam,"江苏","");
}
private void testGeoCode(BaseParam baseParam,  String other) {
    String url = GeoCoding.geoCode(baseParam,other);
    JSONObject jsonObject =  CommonUtil.httpsRequest(url,"GET",null);
    System.out.println(jsonObject.toString());
}
private void testPlaceSuggestion(BaseParam baseParam, String region, String other) {
    String url = PlaceSuggestion.placeSuggestion(baseParam,region,other);
    JSONObject jsonObject =  CommonUtil.httpsRequest(url,"GET",null);
    System.out.println(jsonObject.toString());
}
private void testSearchPlace() {
    testSearchAdministrativeDivision("ATM 机","银行","江苏师范大学",ak,"");
    BaseParam baseParam  = new BaseParam("美食");
    testSearchPlaceCircle(baseParam,"34.197631,117.196368","2000","");
    BaseParam baseParam2  = new BaseParam("0e51b0db575b6645e6073850");
    testSearchPlaceDetail(baseParam2,"");
}
private void testSearchPlaceDetail(BaseParam baseParam, String other) {
    String url = PlaceSearch.searchPlaceDetail(baseParam,other);
    JSONObject jsonObject =  CommonUtil.httpsRequest(url,"GET",null);
    System.out.println(jsonObject.toString());
}
```

```
private void testSearchPlaceCircle(BaseParam baseParam, String location, String radius,
String other) {
        String url = PlaceSearch.searchPlaceCircle(baseParam,location,radius,other);
        JSONObject jsonObject = CommonUtil.httpsRequest(url,"GET",null);
        System.out.println(jsonObject.toString());
}
private void testSearchAdministrativeDivision(String pioType1, String pioType2, String
region, String ak, String other) {
        String url = PlaceSearch.searchAdministrativeDivision("ATM 机","银行","江苏师范大
        学",ak,"");
        JSONObject jsonObject = CommonUtil.httpsRequest(url,"GET",null);
        System.out.println(jsonObject.toString());
}
}
```

12.4.7　运行程序

启动内网穿透工具后，按照例 12-5 中注释给出的提示修改 BaiduWeatherController 的相对地址，并再次运行项目入口类 WxgzptkfbookApplication。

在工具 Postman 的 URL 中输入 http://localhost:8080/，选择 POST 方法成功运行程序后，控制台中输出“地点检索服务”“地点输入服务”“地理编码服务”“路径规划服务”“地址解析服务”“行政区划服务”“IP 服务”等查询结果。控制台中的具体输出结果读者可参考自行运行的结果或者参考视频内容，并结合例 12-12 对照运行结果。

习题 12

简答题

简述对调用服务 API 进行应用开发的理解。

实验题

1. 通过聚合数据 API 实现天气预报的应用开发。
2. 通过聚合数据 API 实现其他信息查询的应用开发。
3. 通过百度 API 实现天气预报的应用开发。
4. 实现百度地图等 API 的应用开发。

第13章

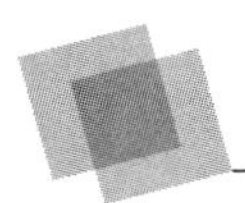

与微信其他技术的整合开发

本章介绍如何在微信公众号中调用微信小程序和在微信公众号中调用微信对话开放平台进行应用开发等内容。

13.1 微信公众号中调用微信小程序的应用开发

13.1.1 说明

由于进行微信小程序的开发时包含内容较多，考虑篇幅，本章以一键生成的微信小商店作为微信小程序的示例(微信小商店就是一种小程序)，具体开发微信小程序内容，读者可以参考相关资料或作者编写的《微信小程序开发基础》(ISBN：9787302499152)《微信小程序云开发——Spring Boot＋Node. js 项目实战》(ISBN：9787302550792)。

为了进一步降低进入小程序生态经营和卖货的门槛，让所有中小微商家、个体创业者可以快速拥有一个小程序店铺，在微信内实现电商业务的自主运营，腾讯公司推出了微信小商店。微信小商店分为两种形式：快速建店(本书主要说明此种方式)以及购物组件。

快速建店是小程序团队提供的一项新功能，适合首次开店的商家。无须开发，零成本开店，一键生成微信小商店。

13.1.2 辅助工作

登录官方网站(https://shop. weixin. qq. com/)，单击“免费开店”按钮，如图 13-1 所示，可以逐步建立一个微信小商店。

申请一个正式的个人公众号(比测试号功能少)，因为公众号调用微信小程序时，需要进

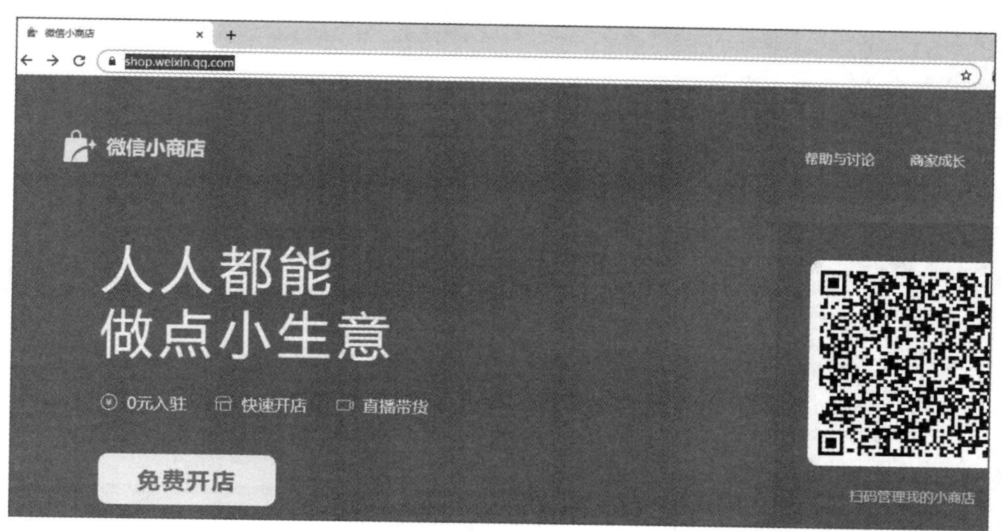

图 13-1　微信小商店官方网站页面

行公众号、微信小程序两者的关联，而在测试号中无法进行关联。

申请正式的个人公众号后，登录到公众号管理后台，用与 1.3.1 节相同的方法对公众号进行开发设置，如服务器地址。

在管理后台中，选择“广告与服务”菜单下“小程序”子菜单的“小程序管理”功能项，选择“关联小程序”，如图 13-2 所示；进行扫码来验证管理员的身份，如图 13-3 所示（注意，图 13-3 中的二维码为动态二维码。请读者在开发时，以实际为准）；选择要关联的小程序（此处选择的是已经准备好的小商店），还要注意此处的 appid，如图 13-4 所示；单击“下一步”按钮，显示关联成功，如图 13-5 所示。

图 13-2　选择“关联小程序”

图 13-3　扫码验证管理员身份

图 13-4　选择要关联的小程序

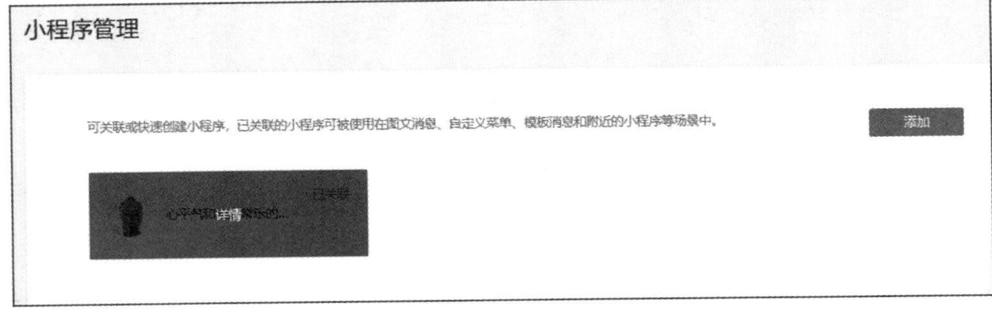

图 13-5　关联成功

13.1.3 创建类 WithMPController

继续在 12.4 节的基础上进行开发。在包 edu. bookcode. controller 中创建类 WithMPController，代码如例 13-1 所示。

【例 13-1】 类 WithMPController 的代码示例。

```
package edu.bookcode.controller;
import edu.bookcode.util.ChangeMessageToXML;
import edu.bookcode.util.OutAndSendUtil;
import edu.bookcode.util.ProcessToMapUtil;
import org.springframework.web.bind.annotation.RequestMapping;
import org.springframework.web.bind.annotation.RestController;
import javax.servlet.http.HttpServletRequest;
import javax.servlet.http.HttpServletResponse;
import java.util.Map;
@RestController
public class WithMPController {
 //下面一行是运行本类时的相对地址
 @RequestMapping("/")
 //为了测试方便,在运行其他类时,必须注释掉上一行代码,即修改相对地址
 //并可以去掉下一行代码的注释,修改本类的相对地址
 //@RequestMapping("/testWithMP")
 void testWithMP(HttpServletRequest request, HttpServletResponse response){
       try {
             testTranslate(request, response);
       } catch (Exception e) {
             e.printStackTrace();
       }
 }
 void testTranslate ( HttpServletRequest request, HttpServletResponse response ) throws
Exception {
       String xmlMiddle = "";
       request.setCharacterEncoding("UTF - 8");
       response.setCharacterEncoding("UTF - 8");
       Map < String, String > message = ProcessToMapUtil.requestToMap(request);
       String xml = ChangeMessageToXML.textMessageToXML(message);
       int ibeginContent = xml.indexOf("< Content >");
       int iendContent = xml.indexOf("</Content >");
       xmlMiddle = "<![CDATA[< a" +
                 " data - miniprogram - appid = \"wx6c86fd63999e563c\" \n" +
                 " data - miniprogram - path = \"pages/index/index\" \n" +
                 "href = \"http://www.qq.com\"" +
                 ">欢迎逛逛我的小商店</a >]]>";
       String xmlBegin = xml.substring(0, ibeginContent + 9);
       String xmlEnd = xml.substring(iendContent);
       OutAndSendUtil.outMessageToConsole(xmlBegin + xmlMiddle + xmlEnd);
       OutAndSendUtil.sendMessageToWXAppClient(xmlBegin + xmlMiddle + xmlEnd, response);
 }
}
```

13.1.4 运行程序

启动内网穿透工具后，按照例 12-12 中注释给出的提示修改 TestBaiduAPIController 的相对地址，并再次运行项目入口类 WxgzptkfbookApplication。

用户关注正式公众号后，在手机微信公众号中输入文本（可以输入任何文本），如“你好”，在手机微信公众号的回复文本消息中包含小程序（小商店）的链接，如图 13-6 所示。注意，图 13-6 中正式公众号名称（“开发者服务群”）和测试号名称（见图 6-11）的不同。控制台中的输出如图 13-7 所示。单击图 13-6 中的小商店链接，自动跳转到小商店（即小程序）的页面，结果如图 13-8 所示。

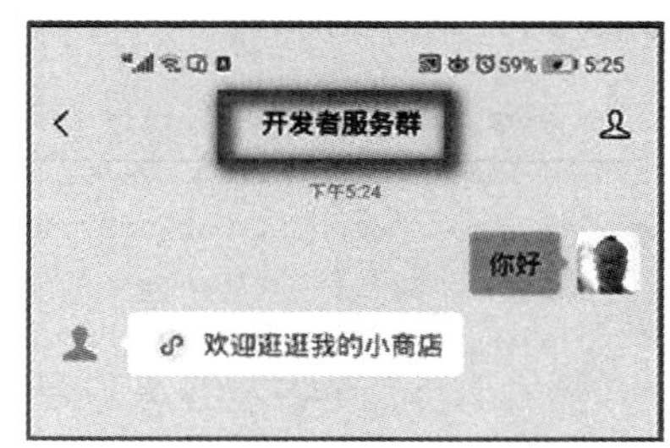

图 13-6 在手机微信公众号中输入文本后回复文本消息中包含小商店的链接

```
消息内容转换为XML输出到控制台:
<xml><ToUserName>orFl21Lnj6M_s6LYXn4LEPwDDPkA</ToUserName><FromUserName>gh_7bbc7ce7bb87</FromUserName
 ><CreateTime>1626600274115</CreateTime><MsgType>text</MsgType><Content><![CDATA[<a
 data-miniprogram-appid="wx6c86fd63999e563c"
 data-miniprogram-path="pages/index/index"
href="http://www.qq.com">欢迎逛逛我的小商店</a>]]></Content></xml>
```

图 13-7 在手机微信公众号中输入文本后回复文本消息中包含小商店链接时控制台中的输出

图 13-8 单击图 13-6 中小商店链接后跳转到小商店首页的结果

13.2　微信公众号中调用微信对话开放平台的应用开发

13.2.1　微信对话开放平台简介

微信对话开放平台是以提供串联微信生态内外的服务流程为核心，提供全网多样的流程化服务能力，为开发者和非开发者提供完备、高效、简易的可配置服务。

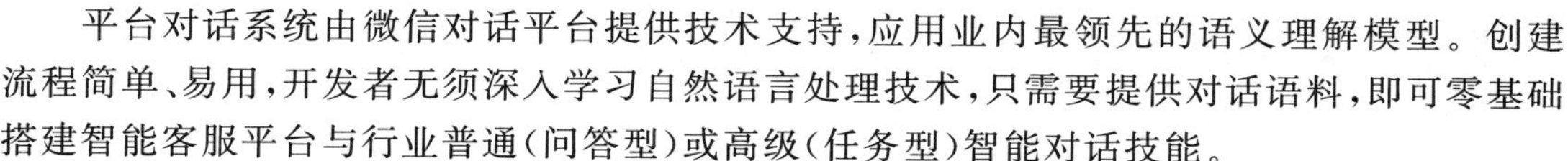

平台对话系统由微信对话平台提供技术支持，应用业内最领先的语义理解模型。创建流程简单、易用，开发者无须深入学习自然语言处理技术，只需要提供对话语料，即可零基础搭建智能客服平台与行业普通（问答型）或高级（任务型）智能对话技能。

没有开发能力的开发者或公众号、小程序运营者可通过平台快速搭建客服机器人；有开发能力的第三方开发者可使用 API 接口，快速获取对话服务能力。

13.2.2　辅助工作

登录“微信对话开放平台”官方网站（https://openai. weixin. qq. com/），单击首页的“开始使用”按钮，即可进入创建机器人页面。按规定填写“机器人名称”“机器人 ID”和“验证码”，单击“确认”按钮，一个机器人就创建成功了。

登录“微信对话开放平台”管理后台，绑定公众号、小程序，使用微信公众号/小程序管理员的个人微信扫码二维码即可实现绑定，如图 13-9 所示。公众号授权完成后，可以查看已绑定的公众号信息。如需要更换或删除已绑定的公众号，单击“解除绑定”超链接。

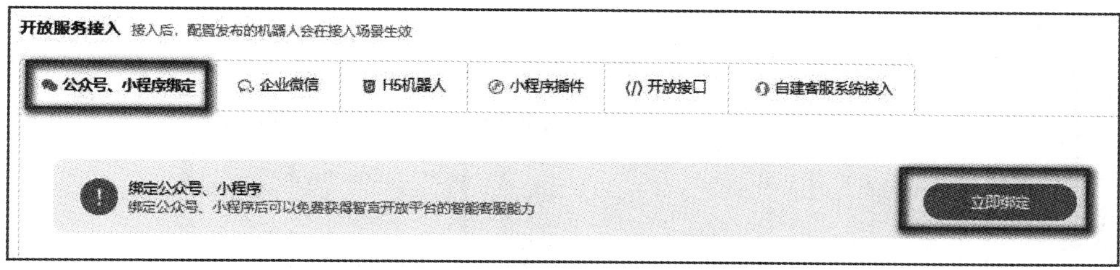

图 13-9　绑定公众号、小程序

开发者申请开放接口，需要预先填写申请信息，单击“开放接口”按钮，填写相关信息，审核成功后即可获取使用接口服务，如图 13-10 所示。

图 13-10　申请开放接口

13.2.3 开放接口说明

开放接口 POST 请求参数需要进行签名处理（只签名不加密），如例 13-2 所示的 JSON 格式数据（注意和官方文档的差异）需要进行签名处理。

【例 13-2】 开放接口 POST 请求参数代码示例。

```
{
  "username": "some person",
  "msg": "你好"
}
```

使用 JSON Web Token（JWT）的 HS256 算法对参数进行加密（encoded）后放入 query 参数中，处理方法如图 13-11 所示。登录网站 https://jwt.io/，保持算法（HS256）和 HEADER 不变，修改 PAYLOAD（如改成例 13-2），输入密码信息（申请开放接口后得到的 EncodingAESKey），单击 SHARE JWT 按钮，得到加密后的参数，即是接口 POST 访问时的提交参数（注意参数的值会改变）。

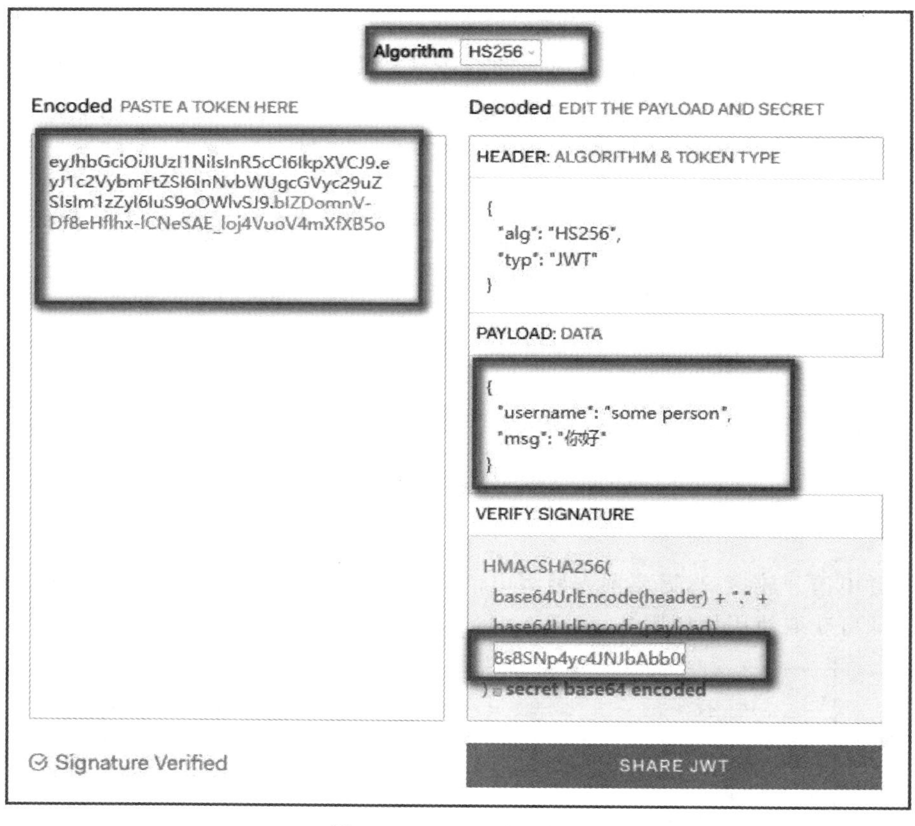

图 13-11 JWT 处理方法

13.2.4　创建类 PostAPIUtil

继续在13.1节的基础上进行开发。在包 edu.bookcode.util 中创建类 PostAPIUtil，代码如例13-3所示。

【例13-3】 创建类 PostAPIUtil 的代码示例。

```
package edu.bookcode.util;
import java.io.BufferedReader;
import java.io.IOException;
import java.io.InputStreamReader;
import java.io.OutputStreamWriter;
import java.net.HttpURLConnection;
import java.net.URL;
public class PostAPIUtil {
    public static String getparame(String url,String data) {
        String reString = post(url,data);
        return reString;
    }
    private static String post(String urlPost, String data) {
        BufferedReader reader;
        try {
            URL url  =  new URL(urlPost);
            HttpURLConnection connection  =  (HttpURLConnection) url.openConnection();
            connection.setDoOutput(true);
            connection.setDoInput(true);
            connection.setUseCaches(false);
            connection.setInstanceFollowRedirects(true);
            connection.setRequestMethod("POST");
connection.setRequestProperty("Content - Type", "application/json");   //设置发送数据的格式
            connection.connect();
//一定要用 BufferedReader 来接收响应,使用字节来接收响应的方法是接收不到内容的
OutputStreamWriter out  =  new OutputStreamWriter(connection.getOutputStream(), "UTF - 8");
            out.append(data);
            out.flush();
            out.close();
reader  =  new BufferedReader(new InputStreamReader(connection.getInputStream(), "UTF - 8"));
            String line;
            String res  =  "";
            while ((line  =  reader.readLine()) !=  null) {
                res  +=  line;
            }
            reader.close();
            return res;
        } catch (IOException e) {
            e.printStackTrace();
        }
        return "error";                    //自定义错误信息
    }
}
```

13.2.5 创建类 WithOpenAIController

在包 edu.bookcode.controller 中创建类 WithOpenAIController，代码如例 13-4 所示。注意，例 13-4 代码注释中的原始数据为进行 JWT 签名处理前的数据，而 query 的取值是对原始数据进行 JWT 签名处理后的字符串。

【例 13-4】 类 WithOpenAIController 的代码示例。

```
package edu.bookcode.controller;
import edu.bookcode.service.CommonUtil;
import edu.bookcode.util.PostAPIUtil;
import net.sf.json.JSONObject;
import org.springframework.web.bind.annotation.RequestMapping;
import org.springframework.web.bind.annotation.RestController;
@RestController
public class WithOpenAIController {
 //下面一行是运行本类时的相对地址
 @RequestMapping("/")
 //为了测试方便,在运行其他类时,必须注释掉上一行代码,即修改相对地址
 //并可以去掉下一行代码的注释,修改本类的相对地址
 //@RequestMapping("/testWithOpenAI")
 void testWithOpenAI() {
      String token = "SihFaLCUHjZeoVKpMdM1lcbBSWGfNd";    //改成读者自己申请的 token
      try {
System.out.println("——————————智能对话——————————");
           testTalk(token);
System.out.println("——————————词法分析——————————");
           testTokenize(token);
System.out.println("——————————数字日期时间识别——————————");
           testNer(token);
System.out.println("——————————情感分析——————————");
           testEmotion(token);
System.out.println("——————————句子相似度计算——————————");
           testRank(token);
System.out.println("——————————闲聊服务——————————");
           testChat(token);
System.out.println("——————————汉译英——————————");
           testChineseToEnglish(token);
System.out.println("——————————英译汉——————————");
           testEnglishToChinese(token);
System.out.println("——————————相似问题推荐——————————");
           testSimilarQuestion(token);
System.out.println("——————————新闻摘要——————————");
           testNewsAbstract(token);
System.out.println("——————————文章分类——————————");
           testDocumentClassify(token);
System.out.println("——————————对话问题推荐——————————");
           testRecommendQuestions(token);
           //其他接口参考本类方法实现
```

```
        } catch (Exception e) {
            e.printStackTrace();
        }
    }
    /* 原始数据为:
        {
        "uid": "xjlsj33lasfaf",
         "data": {
                  }
        }
    */
    private void testRecommendQuestions(String token) {
        String url = "https://openai.weixin.qq.com/openapi/nlp/recommend_questions/TOKEN";
        url = url.replace("TOKEN", token);
        String data = "{\n" +
    "\"query\":\"eyJhbGciOiJIUzI1NiIsInR5cCI6IkpXVCJ9.eyJ1aWQiOiJ4amxzajMzbGFzZmFmIiwiZGF0YS
I6e319.s_x3y8NPTQ43YA8J7kIFRNIT0xPLCrrS1VCEDcyddso\"" +
                "}";
        String result = PostAPIUtil.getparame(url, data);
        System.out.println(result);
    }
    /* 原始数据为:
      {
      "uid": "bDvG3OUUceJ",
      "data": {
      "title":"周杰伦透露孩子性格像自己",
       "content":"周杰伦今日受邀出席公益篮球活动,许久没公开亮相的他坦言:大家看我的社交网
站就知道,现在玩乐和陪家人是最重要的.他预计 10 月将启动全新巡演,但聊到新专辑,他笑说目前
已经做好 5 首,但包括上次做好的两首.进度严重落后,巡演前能否来得及推出仍是未知数"
        }
      }
    */
    private void testDocumentClassify(String token) {
        String url = "https://openai.weixin.qq.com/openapi/nlp/document_classify/TOKEN";
        url = url.replace("TOKEN", token);
        String data = "{\n" +
    "\"query\":\"eyJhbGciOiJIUzI1NiIsInR5cCI6IkpXVCJ9.eyJ1aWQiOiJiRHZHM09VVWNlSiIsImRhdGEiOns
idGl0bGUiOiLlkajmnbDkvKbpgI_pnLLlranlrZDmgKfmoLzlg4_oh6rlt7EiLCJjb250ZW50Ijoi5paw5rWq5aix5
LmQ6K6v5o2u5Y-w5rm-5aqS5L2T5oql6YGT5Zyo5a625Zyw5L2N5LiN6auY5ZGo5p2w5Lym5pmS5LiO5YS_5a2Q
5ZGo5p2w5Lym5LiO5aa75a2Q5piG5YeM5ZGo5p2w5Lym5LuK5Y-X6YKA5Ye65bit5YWs55uK56-u55CD5rS75Yq
o77yM6K645LmF5rKh5YWs5byA5Lqu55u455qE5LuW5Z2m6KiA77ya5aSn5a6255yL5oiR55qE56S-5Lqk572R56u
Z5bCx55-l6YGT77yM546w5Zyo546p5LmQ5ZKM6Zmq5a625Lq65piv5pyA6YeN6KaB55qE44CC5LuW6aKE6K6hMTD
mnIjlsIblkK_liqjlhajmlrDlt6HmvJTvvIzkvYbogYrliLDmlrDkuJPovpHvvIzku5bnrJHor7Tnm67liY3lt7Lnu
4_lgZrlpb016aaW77yM5L2G5YyF5ous5LiK5qyh5YGa5aW955qEMummluOAgui_m-W6puS4pemHjeiQveWQju-8j
OW3oea8lOWJjeiDveWQpuadpeW-l-WPiuaOqOWHuuS7jeaYr-acquefpeaVsCIsImNhdGVnb3J5Ijoi5aix5LmQ
IiwiZG9fbmV3c19jbGFzc2lmeSI6dHJ1ZX19.0o9N0opNUXOWPjGzipPcV_adtYrExMeuCOoE8qk2Sko\"" +
                "}";
        String result = PostAPIUtil.getparame(url, data);
        System.out.println(result);
    }
    /* 原始数据为:
```

```
{
"uid": "bDvG3OUUceJ",
"data": {
 "title":"周杰伦透露孩子性格像自己",
 "content":"周杰伦今日受邀出席公益篮球活动,许久没公开亮相的他坦言:大家看我的社交网站就知道,现在玩乐和陪家人是最重要的.他预计 10 月将启动全新巡演,但聊到新专辑,他笑说目前已经做好 5 首,但包括上次做好的两首.进度严重落后,巡演前能否来得及推出仍是未知数",
 "category":"娱乐",
 "do_news_classify":true
 }
}
*/
private void testNewsAbstract(String token) {
      String url = "https://openai.weixin.qq.com/openapi/nlp/news-abstraction/TOKEN";
      url = url.replace("TOKEN", token);
      String data = "{\n" +
"\"query\":\"eyJhbGciOiJIUzI1NiIsInR5cCI6IkpXVCJ9.eyJ1aWQiOiJiRHZHM09VVWNlSiIsImRhdGEiOns
idGl0bGUiOiLlkajmnbDkvKbpgI_pnLLlranlrZDmgKfmoLzlg4_oh6rlt7EiLCJjb250ZW50Ijoi5paw5rWq5aix5
LmQ6K6v5o2u5Y-w5rm-5aqS5L2T5oql6YGT5Zyo5a625Zyw5L2N5LiN6auY5ZGo5p2w5Lym5pmS5LiO5YS_5a2Q
5ZGo5p2w5Lym5LiO5aa75a2Q5piG5YeM5ZGo5p2w5Lym5LuK5Y-X6YKA5Ye65bit5YWs55uK56-u55CD5rS75Yq
o77yM6K645LmF5rKh5YWs5byA5Lqu55u455qE5LuW5Z2m6KiA77ya5aSn5a6255yL5oiR55qE56S-5Lqk572R56u
Z5bCx55-l6YGT77yM546w5Zyo546p5LmQ5ZKM6Zmq5a625Lq65piv5pyA6YeN6KaB55qE44CC5LuW6aKE6K6hMTD
mnIjlsIblkK_liqjlhajmlrDlt6HmvJTvvIzkvYbogYrliLDmlrDkuJPovpHvvIzku5bnrJHor7Tnm67liY3lt7Lnu
4_lgZrlpb016aaW77yM5L2G5YyF5ous5LiK5qyh5YGa5aW955qEMummluOAgui_m-W6puS4pemHjeiQveWQju-8j
OW3oea8lOWJjeiDveWQpuadpeW-l-WPiuaOqOWHuuS7jeaYr-acquefpeaVsCIsImNhdGVnb3J5Ijoi5aix5LmQ
IiwiZG9fbmV3c19jbGFzc2lmeSI6dHJ1ZX19.0o9N0opNUXOWPjGzipPcV_adtYrExMeuCOoE8qk2Sko\"" +
              "}";
      String result = PostAPIUtil.getparame(url, data);
      System.out.println(result);
}
/*原始数据为:
     {
     "uid": "xjlsj33lasfaf",
      "data": {
        "query":"你好吗"
      }
     }
*/
private void testSimilarQuestion(String token) {
      String url = "https://openai.weixin.qq.com/openapi/nlp/get_similar_query/TOKEN";
      url = url.replace("TOKEN", token);
      String data = "{\n" +
"\"query\":\"eyJhbGciOiJIUzI1NiIsInR5cCI6IkpXVCJ9.eyJ1aWQiOiJ4amxzajMzbGFzZmFmIiwiZGF0YSI
6eyJxdWVyeSI6IuS9oOWlveWQlyJ9fQ.eE0QQ7s9l-U0NT-7Jx_E-0aJRdl8tIeLq-A5KydAocg\"" +
              "}";
      String result = PostAPIUtil.getparame(url, data);
      System.out.println(result);
}
/*原始数据为:
{
"uid": "xjlsj33lasfaf",
```

```
    "data": {
     "q":"What about the weather in Beijing?"
    }
  }
   */
  private void testEnglishToChinese(String token) {
        String url = "https://openai.weixin.qq.com/openapi/nlp/translate_en2cn/TOKEN";
        url = url.replace("TOKEN", token);
        String data = "{\n" +
  "\"query\":\"eyJhbGciOiJIUzI1NiIsInR5cCI6IkpXVCJ9.eyJ1aWQiOiJ4amxzajMzbGFzZmFmIiwiZGF0YSI
6eyJxIjoiV2hhdCBhYm91dCB0aGUgd2VhdGhlciBpbiBCZWlqaW5nPyJ9fQ.
jaJyc9BhtxsfYERwyjaoEUXa9jtmUr1rxwPgiKbqwm8\"" +
                  "}";
        String result = PostAPIUtil.getparame(url, data);
        System.out.println(result);
  }
  /* 原始数据为:
  {
  "uid": "xjlsj33lasfaf",
    "data": {
     "q":"周杰伦昨天接受采访时透露孩子性格像自己"
    }
  }
   */
  private void testChineseToEnglish(String token) {
        String url = "https://openai.weixin.qq.com/openapi/nlp/translate_cn2en/TOKEN";
        url = url.replace("TOKEN", token);
        String data = "{\n" +
  "\"query\":\"eyJhbGciOiJIUzI1NiIsInR5cCI6IkpXVCJ9.eyJ1aWQiOiJ4amxzajMzbGFzZmFmIiwiZGF0YSI
6eyJxIjoi5ZGo5p2w5Lym5pio5aSp5o6l5Y-X6YeH6K6_5pe26YCP6Zyy5a2p5a2Q5oCn5qC85YOP6Ieq5bexIn19.
dbD3za1HiL45CsYO8_AmkoNJmQ8hAxQlayImBFRVXHY\"\n" +
                  "}";
        String result = PostAPIUtil.getparame(url, data);
        System.out.println(result);
  }
  /* 原始数据为:
  {
  "uid": "xjlsj33lasfaf",
    "data": {
     "q":"周杰伦昨天接受采访时透露孩子性格像自己"
    }
  }
   */
  private void testChat(String token) {
        String url = "https://openai.weixin.qq.com/openapi/nlp/casual_chat/TOKEN";
        url = url.replace("TOKEN", token);
        String data = "{\n" +
  "\"query\":\"eyJhbGciOiJIUzI1NiIsInR5cCI6IkpXVCJ9.eyJ1aWQiOiJ4amxzajMzbGFzZmFmIiwiZGF0YSI
6eyJxIjoi5ZGo5p2w5Lym5pio5aSp5o6l5Y-X6YeH6K6_5pe26YCP6Zyy5a2p5a2Q5oCn5qC85YOP6Ieq5bexIn19.
dbD3za1HiL45CsYO8_AmkoNJmQ8hAxQlayImBFRVXHY\"\n" +
                  "}";
```

```
        String result = PostAPIUtil.getparame(url, data);
        System.out.println(result);
    }
    /*原始数据为:
    {
      "uid": "xjlsj33lasfaf",
       "data": {
      "query":"北京到上海的火车票",
      "candidates": [
      {"text": "上海到北京的火车票"},
      {"text": "北京到上海的飞机票"},
       {"text": "北京到上海的高铁"}
        ]
        }
      }
    */
    private void testRank(String token) {
        String url = "https://openai.weixin.qq.com/openapi/nlp/rank/TOKEN";
        url = url.replace("TOKEN", token);
        String data = "{\n" +
"\"query\":\"eyJhbGciOiJIUzI1NiIsInR5cCI6IkpXVCJ9.eyJ1aWQiOiJ4amxzajMzbGFzZmFmIiwiZGF0YSI6eyJxdWVyeSI6IuWMl-S6rOWIsOS4iua1t-eahOeBq-i9puelqCIsImNhbmRpZGF0ZXMiOlt7InRleHQiOiLkuIrmtbfliLDljJfkuqznmoTngavovabnpagifSx7InRleHQiOiLljJfkuqzliLDkuIrmtbfnmoTpo57mnLrnpagifSx7InRleHQiOiLljJfkuqzliLDkuIrmtbfnmoTpq5jpk4HnpagifV19fQ.87Hc4jQ9QdFd-F0E538bVi2OdTmS2X62wJ1i78Txz74\"" +
                "}";
        String result = PostAPIUtil.getparame(url, data);
        System.out.println(result);
    }
    /*原始数据为:
    {
    "uid": "xjlsj33lasfaf",
     "data": {
       "q":"周杰伦昨天接受采访时透露孩子性格像自己"
     }
    }
    */
    private void testNer(String token) {
        String url = "https://openai.weixin.qq.com/openapi/nlp/ner/TOKEN";
        url = url.replace("TOKEN", token);
        String data = "{\n" +
"\"query\":\"eyJhbGciOiJIUzI1NiIsInR5cCI6IkpXVCJ9.eyJ1aWQiOiJ4amxzajMzbGFzZmFmIiwiZGF0YSI6eyJxIjoi5ZGo5p2w5Lym5pio5aSp5o6l5Y-X6YeH6K6_5pe26YCP6Zyy5a2p5a2Q5oCn5qC85YOP6Ieq5bexIn19.dbD3za1HiL45CsYO8_AmkoNJmQ8hAxQlayImBFRVXHY\"\n" +
                "}";
        String result = PostAPIUtil.getparame(url, data);
        System.out.println(result);
    }
```

```
/* 原始数据为:
    {
    "uid": "xjlsj33lasfaf",
    "data": {
      "q":"周杰伦透露孩子性格像自己"
      }
    }
 */
private void testTokenize(String token) {
      String url = "https://openai.weixin.qq.com/openapi/nlp/tokenize/TOKEN";
      url = url.replace("TOKEN", token);
      String data = "{\n" +
"\"query\":\"eyJhbGciOiJIUzI1NiIsInR5cCI6IkpXVCJ9.eyJ1aWQiOiJiRHZHM09VVWN1SiIsImRhdGEiOns
icSI6IuWRqOadsOS8pumAj-mcsuWtqeWtkOaAp-agvOWDj-iHquW3sSJ9fQ.cZpAywboCF_ueLtJKlVwOW0pUSQ
bGvOCcHQBlZJ9qGU\"\n" +
               "}";
      String result = PostAPIUtil.getparame(url, data);
      System.out.println(result);
}
/* 原始数据为:
{
"uid": "xjlsj33lasfaf",
 "data": {
"q":"周杰伦昨天接受采访时高兴地透露孩子性格像自己",
    "mode": "6class"
  }
}
 */
private void testEmotion(String token) {
      String url = "https://openai.weixin.qq.com/openapi/nlp/sentiment/TOKEN";
      url = url.replace("TOKEN", token);
      String data = "{\n" +
"\"query\":\"eyJhbGciOiJIUzI1NiIsInR5cCI6IkpXVCJ9.eyJ1aWQiOiJ4amxzajMzbGFzZmFmIiwiZGF0YSI
6eyJxIjoi5ZGo5p2w5Lym5pio5aSp5o6l5Y-X6YeH6K6_5pe26auY5YW05Zyw6YCP6Zyy5a2p5a2Q5oCn5qC85YO
P6Ieq5bexIiwibW9kZSI6IjZjbGFzcyJ9fQ.98Yd5YOZAffhswgYHk1eWp6IxAIJ-bV45nP-aI_hKHs\"\n" +
               "}";
      String result = PostAPIUtil.getparame(url, data);
      System.out.println(result);
}
private void testTalk(String token) {
      String url = "https://openai.weixin.qq.com/openapi/message/TOKEN";
      url = url.replace("TOKEN", token);
      url += "?query=eyJhbGciOiJIUzI1NiIsInR5cCI6IkpXVCJ9.eyJ1c2VybmFtZSI6IuW8oOS4iSIsIm
1zZyI6IuS9oOWlvSJ9.i1rEiznIYAd60EZCmGyUjts4nAutcX9jNTgbNaoLXbQ";
      JSONObject jsonObject = CommonUtil.httpsRequest(url, "POST", "");
      System.out.println(jsonObject);
}
}
```

13.2.6 运行程序

启动内网穿透工具后，按照例 13-1 中注释给出的提示修改 WithMPController 的相对地址，并再次运行项目入口类 WxgzptkfbookApplication。

在工具 Postman 的 URL 中输入 http://localhost:8080/，选择 POST 方法成功运行程序后，控制台中的输出如例 13-5 所示。

【例 13-5】 控制台中的输出示例。

```
————————————————智能对话————————————————
{"msg":[{"confidence":0,"list_options":false,"session_id":"","resp_title":"","opening":"","article":"","content":"你好,请问有什么可以帮助您的","debug_info":"","scene_status":"","ans_node_id":0,"ans_node_name":"NO_MATCH","msg_type":"text","take_options_only":false,"event":"","request_id":0,"status":"NOMATCH"}],"slots_info":[],"answer_open":0,"title":"","ans_node_id":0,"to_user_name":"SihFaLCUHjZeoVKpMdM1lcbBSWGfNd","take_options_only":false,"event":"","msg_id":"1626697323172","msgtype":"text","intent_confirm_status":"","ret":0,"slot_info":[],"create_time":"1626697323172","is_default_answer":false,"confidence":0,"list_options":false,"session_id":"","opening":"","article":"","scene_status":"","from_user_name":"%E5%BC%A0%E4%B8%89","answer":"","answer_type":"text","dialog_session_status":"","ans_node_name":"NO_MATCH","skill_name":"NO_MATCH","dialog_status":"","skill_id":"","request_id":0,"status":"NOMATCH"}
————————————————词法分析————————————————
{"words":["周","杰伦","透露","孩子","性格","像","自己"],"POSs":[17,17,31,16,16,25,27],"words_mix":["周杰伦","透露","孩子","性格","像","自己"],"POSs_mix":[17,31,16,16,25,27],"entities":["周杰伦"],"entity_types":[100000010],"costime":11,"rid":"340f3690"}
————————————————数字日期时间识别————————————————
{"preprocessed_text":"周杰伦昨天接受采访时透露孩子性格像自己","entities":[{"type":"datetime_point","span":[3,5],"text":"昨天","norm":"2021-07-18 00:00:00"}],"costime":34,"rid":"1f3d9d42"}
————————————————情感分析————————————————
{"error":null,"result":[["高兴",0.9956356883049011],["无情感",0.004334602970629930 5],["悲伤",0.0000182248259079642 6],["喜欢",0.00001106298623199109],["厌恶",3.8440151683971635e-7],["愤怒",1.0902219571562455e-8]],"costime":25,"rid":"aeafb87b"}
————————————————句子相似度计算————————————————
{"error":"","results":[{"question":"北京到上海的飞机票","score":0.994693731267938},{"question":"北京到上海的高铁票","score":0.9867034801714267},{"question":"上海到北京的火车票","score":0.6558722512385844}],"exact_match":false,"costime":345,"rid":"fd926620"}
————————————————闲聊服务————————————————
{"response":"哦,原来也是这样啊.","costime":276,"rid":"16899f04"}
————————————————汉译英————————————————
{"result":"Jay Chou was interviewed yesterday to reveal children personality like yourself","costime":841,"rid":"5db51656"}
————————————————英译汉————————————————
{"result":"北京天气怎么样?","costime":196,"rid":"f177fed7"}
————————————————相似问题推荐————————————————
{"costime":76,"rid":"36d88825"}
————————————————新闻摘要————————————————
{"abstraction":"周杰伦今日受邀出席公益篮球活动,许久没公开亮相的他坦言:大家看我的社交网站就知道,现在玩乐和陪家人是最重要的.他预计10月将启动全新巡演,但聊到新专辑,他笑说目前
```

已经做好5首,但包括上次做好的两首.进度严重落后,巡演前能否来得及推出仍是未知数","classification":true,"prob":0.9918834567070007,"costime":2334,"rid":"c542e0a0"}
————————————文章分类————————————————
{"preds":{"level1_cls":"追星娱乐","level2_cls":"追星娱乐_港澳台娱乐","level3_cls":"其他"},"costime":51,"rid":"66244119"}
————————————对话问题推荐————————————————
{"results":[],"costime":41,"rid":"f718895c"}

习题 13

简答题

1. 简述微信公众号中调用微信小程序进行应用开发时的辅助工作。
2. 简述对微信对话开放平台的理解。
3. 简述微信公众号中调用微信对话开放平台进行应用开发时的辅助工作。

实验题

1. 实现微信公众号中调用微信小程序。
2. 实现微信公众号中调用微信对话开放平台接口。

第14章

微信公众号框架的应用开发

框架有利于开发的高效、高质量。但是，框架开发有一定的学习成本。目前微信公众号框架较多，本章介绍如何实现 EasyWeChat、FastWeixin 和 WxJava 的应用开发。

14.1 EasyWeChat 的应用开发

14.1.1 说明

EasyWeChat 提供了 Java 版的用于微信公众平台应用开发的框架，简化了微信的消息处理和发送。在开发之前，先下载 EasyWeChat 的 JAR 文件，并添加到项目 wxgzptkfbook 中。

14.1.2 创建类 EasyWechatDemo

继续在 13.2 节的基础上进行开发。在包 edu. bookcode 中创建 easywechatex 子包，并在包 edu. bookcode. easywechatex 中创建类 EasyWechatDemo，代码如例 14-1 所示。

【例 14-1】 类 EasyWechatDemo 的代码示例。

```
package edu.bookcode.easywechatex;
import org.easywechat.msg.BaseMsg;
import org.easywechat.msg.TextMsg;
import org.easywechat.msg.req.TextReqMsg;
import org.easywechat.servlet.WeixinServletSupport;
public class EasyWechatDemo extends WeixinServletSupport {
 private static final long serialVersionUID = 1L;
 @Override
 protected String getToken() {
```

```
        return "my token";
    }
    @Override
    protected BaseMsg handleTextMsg(TextReqMsg msg) {
        return new TextMsg("你说了：" + msg.getContent());
    }
}
```

14.1.3 创建类 EasyWechatController

在包 edu.bookcode.easywechatex 中创建类 EasyWechatController，代码如例 14-2 所示。

【例 14-2】 类 EasyWechatController 的代码示例。

```
package edu.bookcode.easywechatex;
import org.easywechat.msg.BaseMsg;
import org.easywechat.msg.req.TextReqMsg;
import org.springframework.web.bind.annotation.RestController;
import javax.servlet.http.HttpServletRequest;
import javax.servlet.http.HttpServletResponse;
@RestController
public class EasyWechatController {
    //下面一行是运行本类时的相对地址
    @RequestMapping("/")
    //为了测试方便，在运行其他类时，必须注释掉上一行代码，即修改相对地址
    //并可以去掉下一行代码的注释，修改本类的相对地址
    //@RequestMapping("/testEasyWechat")
    void  testEasyWechat(HttpServletRequest request, HttpServletResponse response) {
        EasyWechatDemo demoServlet = new EasyWechatDemo();
        TextReqMsg textReqMsg = new TextReqMsg("EasyWechat");
        BaseMsg baseMsg = demoServlet.handleTextMsg(textReqMsg);
        System.out.println(baseMsg.toXml());
    }
}
```

14.1.4 运行程序

启动内网穿透工具后，按照例 13-4 中注释给出的提示修改 WithOpenAIController 的相对地址，并再次运行项目入口类 WxgzptkfbookApplication。

在工具 Postman 的 URL 中输入 http://localhost:8080/，选择 POST 方法成功运行程序后，控制台中的输出如图 14-1 所示。

```
<xml>
<CreateTime>1626748779</CreateTime>
<Content><![CDATA[你说了：EasyWechat]]></Content>
<MsgType><![CDATA[text]]></MsgType>
</xml>
```

图 14-1　EasyWeChat 应用程序运行后控制台中的输出

14.2 FastWeixin 的应用开发

14.2.1 说明

视频讲解

FastWeixin 简单封装了所有与微信服务器交互的文本消息、图片消息、图文消息等消息，集成了微信服务器绑定、监听所有类型消息的方法，使用时继承、重写即可。FastWeixin 支持高级接口的 API，框架中提供了 MenuAPI、CustomAPI、QrcodeAPI、UserAPI、MediaAPI、OAuthAPI 用于实现所有高级接口功能。

14.2.2 添加依赖

继续在 14.1 节的基础上进行开发。在文件 pom.xml 中<dependencies>和</dependencies>之间添加 FastWeixin 依赖，添加依赖的代码如例 14-3 所示。

【例 14-3】 添加 FastWeixin 依赖的代码示例。

```
<dependency>
            <groupId>com.github.sd4324530</groupId>
            <artifactId>fastweixin</artifactId>
            <version>1.3.15</version>
</dependency>
```

14.2.3 创建类 MainServerSupport

在包 edu.bookcode 中创建 fastweixinex 子包，并在包 edu.bookcode.fastweixinex 中创建类 MainServerSupport，代码如例 14-4 所示。

【例 14-4】 类 MainServerSupport 的代码示例。

```
package edu.bookcode.fastweixinex;
//导入框架
import com.github.sd4324530.fastweixin.company.handle.QYMessageHandle;
import com.github.sd4324530.fastweixin.company.message.req.*;
import com.github.sd4324530.fastweixin.company.message.resp.QYBaseRespMsg;
import com.github.sd4324530.fastweixin.company.message.resp.QYTextRespMsg;
import com.github.sd4324530.fastweixin.util.BeanUtil;
import com.github.sd4324530.fastweixin.util.CollectionUtil;
import com.github.sd4324530.fastweixin.util.MessageUtil;
//导入本书前面的类
import edu.bookcode.service.TemptTokenUtil;
import javax.servlet.http.HttpServletRequest;
import java.util.List;
import java.util.Map;
public class MainServerSupport {
 private static final Object LOCK = new Object();
```

```
protected String fromUserName, toUserName;
private static List<QYMessageHandle> messageHandles;
protected List<QYMessageHandle> initMessageHandles() {
    return null;
}
public static String getId() {
    return "wxd2f278459c83a8e2";          //改成读者自己的 appID
}
public String processRequest(HttpServletRequest request) {
    try {
        Map<String, Object> reqMap = MessageUtil.parseXml(request, new TemptTokenUtil().
        getTokenInfo(), getId(), "");
        fromUserName = (String) reqMap.get("FromUserName");
        toUserName = (String) reqMap.get("ToUserName");
        String result = ProcessMessage(request, reqMap);
        return result;
    } catch (Exception e) {
    }
    return null;
}
public String ProcessMessage(HttpServletRequest request, Map<String, Object> reqMap) {
    String msgType = (String) reqMap.get("MsgType");
    System.out.println("收到消息,消息类型:{}" + msgType);
    QYBaseRespMsg msg = null;
        if (QYReqType.TEXT.equalsIgnoreCase(msgType)) {
            String content = (String) reqMap.get("Content");
            QYTextReqMsg textReqMsg = new QYTextReqMsg(content);
            buildBasicReqMsg(reqMap, textReqMsg);
            msg = handleTextMsg(textReqMsg);
            if (BeanUtil.isNull(msg)) {
                msg = processMessageHandle(textReqMsg);
            }
        }
    String result = "";
    if (BeanUtil.nonNull(msg)) {
        msg.setFromUserName(toUserName);
        msg.setToUserName(fromUserName);
        result = msg.toXml();
    }
    return result;
}
private void buildBasicReqMsg(Map<String, Object> reqMap, QYBaseReqMsg reqMsg) {
    addBasicReqParams(reqMap, reqMsg);
    reqMsg.setMsgId((String) reqMap.get("MsgId"));
}
private void addBasicReqParams(Map<String, Object> reqMap, QYBaseReq req) {
    req.setMsgType((String) reqMap.get("MsgType"));
    req.setFromUserName((String) reqMap.get("FromUserName"));
    req.setToUserName((String) reqMap.get("ToUserName"));
    req.setCreateTime(Long.parseLong((String) reqMap.get("CreateTime")));
}
```

```
protected QYBaseRespMsg handleTextMsg(QYTextReqMsg msg) {
    return new QYTextRespMsg("感谢您发送文本");
}
private QYBaseRespMsg processMessageHandle(QYBaseReqMsg msg) {
    if (CollectionUtil.isEmpty(messageHandles)) {
        synchronized (LOCK) {
            messageHandles = this.initMessageHandles();
        }
    }
    if (CollectionUtil.isNotEmpty(messageHandles)) {
        for (QYMessageHandle messageHandle : messageHandles) {
            QYBaseRespMsg resultMsg = null;
            boolean result;
            try {
                result = messageHandle.beforeHandle(msg);
            } catch (Exception e) {
                result = false;
            }
            if (result) {
                resultMsg = messageHandle.handle(msg);
            }
            if (BeanUtil.nonNull(resultMsg)) {
                return resultMsg;
            }
        }
    }
    return null;
}
}
```

14.2.4 创建类 FastWeixinController

在包 edu.bookcode.fastweixinex 中创建类 FastWeixinController，代码如例 14-5 所示。

【例 14-5】 类 FastWeixinController 的代码示例。

```
package edu.bookcode.fastweixinex;
import org.springframework.web.bind.annotation.RestController;
import javax.servlet.http.HttpServletRequest;
import javax.servlet.http.HttpServletResponse;
@RestController
public class FastWeixinController {
 MainServerSupport support = new MainServerSupport();
 //下面一行是运行本类时的相对地址
 @RequestMapping("/")
 //为了测试方便，在运行其他类时，必须注释掉上一行代码，即修改相对地址
 //并可以去掉下一行代码的注释，修改本类的相对地址
 //@RequestMapping("/testFastWeixin")
 void testFastWeixin(HttpServletRequest request, HttpServletResponse response) {
      String resp = support.processRequest(request);
```

```
        System.out.println(resp);
    }
}
```

14.2.5　运行程序

启动内网穿透工具后，按照例 14-2 中注释给出的提示修改 EasyWechatController 的相对地址，并再次运行项目入口类 WxgzptkfbookApplication。

在工具 Postman 的 URL 中输入 http://localhost:8080/，选择 POST 方法成功运行程序后，控制台中的输出如图 14-2 所示。

```
收到消息，消息类型：{}text
<xml>
<ToUserName><![CDATA[obKWL6Q6awrcWSKz3LeSmcOYubfc]]></ToUserName>
<FromUserName><![CDATA[gh_0acb8bcc8eef]]></FromUserName>
<CreateTime><![CDATA[1626774448]]></CreateTime>
<Content><![CDATA[感谢您发送文本]]></Content>
<MsgType><![CDATA[text]]></MsgType>
</xml>
```

图 14-2　FastWeixin 应用程序运行后控制台的输出

14.3　WxJava 的应用开发

视频讲解

14.3.1　说明

微信开发工具包 WxJava(或称为 Weixin-java-tools)支持包括微信支付、开放平台、公众号、企业微信/企业号、小程序等微信功能的后端开发。

14.3.2　添加依赖

继续在 14.2 节的基础上进行开发。在文件 pom.xml 中< dependencies >和</dependencies >之间添加 WxJava 依赖，添加依赖的代码如例 14-6 所示。

【例 14-6】　添加 WxJava 依赖的代码示例。

```
< dependency >
        < groupId > me.chanjar </groupId >
        < artifactId > weixin - java - mp </artifactId >
        < version > 1.3.3 </version >
</dependency >
< dependency >
        < groupId > me.chanjar </groupId >
        < artifactId > weixin - java - common </artifactId >
        < version > 1.3.3 </version >
</dependency >
```

14.3.3 创建类 WxJavaController

在包 edu.bookcode.controller 中创建类 WxJavaController，代码如例 14-7 所示。

【例 14-7】 类 WxJavaController 的代码示例。

```
package edu.bookcode.controller;
import me.chanjar.weixin.common.exception.WxErrorException;
import me.chanjar.weixin.mp.api.WxMpInMemoryConfigStorage;
import me.chanjar.weixin.mp.api.WxMpService;
import me.chanjar.weixin.mp.api.WxMpServiceImpl;
import me.chanjar.weixin.mp.bean.WxMpCustomMessage;
import org.springframework.web.bind.annotation.RequestMapping;
import org.springframework.web.bind.annotation.RestController;
@RestController
public class WxJavaController {
 //下面一行是运行本类时的相对地址
@RequestMapping("/")
 //为了测试方便，在运行其他类时，必须注释掉上一行代码，即修改相对地址
 //并可以去掉下一行代码的注释，修改本类的相对地址
 //@RequestMapping("/testWxJava")
 void testWxJava() {
      WxMpInMemoryConfigStorage config = new WxMpInMemoryConfigStorage();
      config.setAppId("wxd2f278459c83a8e2");                  //改成读者自己的 appID
      config.setSecret("b62a858ebe3ab2238a4eaaf423369cef");   //改成读者自己的 secret
      config.setToken("woodstoneweixingongzhonghao");         //改成读者自己的 Token
      config.setAesKey("");
      WxMpService wxService = new WxMpServiceImpl();
      wxService.setWxMpConfigStorage(config);
      String openid = "obKWL6Q6awrcWSKz3LeSmcOYubfc";
      WxMpCustomMessage message = WxMpCustomMessage.TEXT().toUser(openid).content("Hello
      World").build();
      try {
           wxService.customMessageSend(message);
      } catch (WxErrorException e) {
           e.printStackTrace();
      }
  }
}
```

14.3.4 运行程序

启动内网穿透工具后，按照例 14-5 中注释给出的提示修改 FastWeixinController 的相对地址，并再次运行项目入口类 WxgzptkfbookApplication。

在手机微信公众号中输入文本（可以输入任何文本），如“你好”，在手机微信公众号回复文本消息 Hello World，如图 14-3 所示。

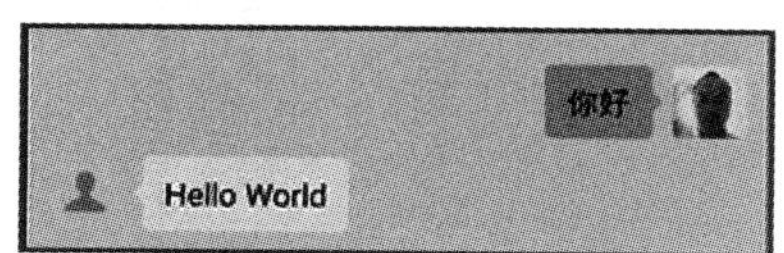

图 14-3　在手机微信公众号中输入文本后回复文本消息 Hello World

习题 14

实验题

1. 完成一个实例，实现对 EasyWeChat 的应用开发。
2. 完成一个实例，实现对 FastWeixin 的应用开发。
3. 完成一个实例，实现对 WxJava 的应用开发。

第15章

案例——开发一个简易的个人微信公众号

视频讲解

本章案例是开发一个简易的个人微信公众号，开发内容是对前面章节内容的综合应用。例如，菜单(界面)和5.2节类似，天气预报功能和12.1节、12.3节类似，查询功能和11.2节类似，使用万维易源API查询火车信息和第12章类似，利用Thymeleaf对处理结果(JSON数据)的显示(HTML文件)和10.3节类似。本章还演示了对不同相对地址的整合方法、JSON数据的处理方法(处理后以HTML文件显示)。

15.1 应用开发

15.1.1 创建类InitMenu

继续在14.3节的基础上进行开发。在包edu.bookcode中创建caseex子包，并在包edu.bookcode.caseex中创建类InitMenu，代码如例15-1所示。

【例15-1】 类InitMenu的代码示例。

```
package edu.bookcode.caseex;
import edu.bookcode.exofmenu.menu.*;
import edu.bookcode.exofmenu.util.MenuUtil;
import edu.bookcode.service.TemptTokenUtil;
public class InitMenu {
    //注意菜单项层级、子项、命名等规定的限制
    public  static Menu getMenu() {
        //第1列子菜单中第1项子菜单项
        ViewButton btn11 = new ViewButton();
```

```
btn11.setName("微信小程序开发基础");
btn11.setType("view");
btn11.setUrl("https://item.jd.com/10026528815782.html");
//第 1 列子菜单中第 2 项子菜单项
ViewButton btn12 = new ViewButton();
btn12.setName("微信小程序云开发");
btn12.setType("view");
btn12.setUrl("https://item.jd.com/12958844.html");
ViewButton btn13 = new ViewButton();
btn13.setName("Spring Boot 区块链应用开发入门");
btn13.setType("view");
btn13.setUrl("https://item.jd.com/12735489.html");
ViewButton btn14 = new ViewButton();
btn14.setName("Spring Boot 开发实战");
btn14.setType("view");
btn14.setUrl("https://item.jd.com/10026542588356.html");
ViewButton btn15 = new ViewButton();
btn15.setName("Spring Cloud 微服务开发实战");
btn15.setType("view");
btn15.setUrl("https://item.jd.com/10026550550811.html");
ClickButton btn21 = new ClickButton();
btn21.setName("本地天气");
btn21.setType("click");
btn21.setKey("weather");
ClickButton btn22 = new ClickButton();
btn22.setName("翻译");
btn22.setType("click");
btn22.setKey("translate");
ViewButton btn23 = new  ViewButton();
btn23.setName("搜索");
btn23.setType("view");
btn23.setUrl("https://www.baidu.com/");
PicButton btn24 = new PicButton();
btn24.setName("发图");
btn24.setType("pic_photo_or_album");
btn24.setKey("rselfmenu24");
ClickButton btn25 = new ClickButton();
btn25.setName("其他");
btn25.setType("click");
btn25.setKey("other");
ClickButton btn31 = new ClickButton();
btn31.setName("QQ");
btn31.setType("click");
btn31.setKey("QQ");
ClickButton btn32 = new ClickButton();
btn32.setName("WeiXin");
btn32.setType("click");
btn32.setKey("WeiXin");
ClickButton btn33 = new ClickButton();
btn33.setName("Phone");
btn33.setType("click");
```

```
        btn33.setKey("Phone");
        ClickButton btn34 = new ClickButton();
        btn34.setName("Email");
        btn34.setType("click");
        btn34.setKey("Email");
        ViewButton btn35 = new ViewButton();
        btn35.setName("云课堂");
        btn35.setType("view");
        btn35.setUrl("https://study.163.com/provider/480000001936408/index.htm?share=
2&shareId=480000001936408");
        ComplexButton mainBtn1 = new ComplexButton();
        mainBtn1.setName("图书");
        mainBtn1.setSub_button(new Button[] { btn11, btn12, btn13, btn14, btn15});
        ComplexButton mainBtn2 = new ComplexButton();
        mainBtn2.setName("常用");
        mainBtn2.setSub_button(new Button[] { btn21, btn22, btn23, btn24, btn25 });
        ComplexButton mainBtn3 = new ComplexButton();
        mainBtn3.setName("我的");
        mainBtn3.setSub_button(new Button[] { btn31, btn32 , btn33, btn34,btn35 });
        Menu menu = new Menu();
        menu.setButton(new Button[] { mainBtn1, mainBtn2, mainBtn3 });
        return menu;
    }
    //使用 main 方法是为了简化测试的需要,实际开发中可以自动创建菜单
    public static void main(String[] args) {
        boolean result = MenuUtil.createMenu(getMenu(),new TemptTokenUtil().getTokenInfo());
        if (result)
                System.out.println("菜单创建成功!");
        else
                System.out.println("菜单创建失败!");
    }
}
```

15.1.2 创建类 MenuService

在包 edu.bookcode.caseex 中创建类 MenuService,代码如例 15-2 所示。

【例 15-2】 类 MenuService 的代码示例。

```
package edu.bookcode.caseex;
import edu.bookcode.exofmenu.util.TextMessageToXML;
import edu.bookcode.exofmessage.message.resp.Article;
import edu.bookcode.exofmessage.util.MessageUtil;
import javax.servlet.http.HttpServletRequest;
import javax.servlet.http.HttpServletResponse;
import java.util.ArrayList;
import java.util.List;
import java.util.Map;
public class MenuService {
  public static String processRequest(HttpServletRequest request, HttpServletResponse response) {
```

```
String xml;
try {
    Map<String, String> requestMap = MessageUtil.parseXml(request);
    String msgType = requestMap.get("MsgType");
    String fromUserName = requestMap.get("FromUserName");
    String toUserName = requestMap.get("ToUserName");
    String content = "";
    String eventKey;
    if (msgType.equals("event")) {
        String eventType = requestMap.get("Event").toLowerCase();
        switch (eventType) {
            case "subscribe":
                content = "谢谢您的关注!";
                break;
            case "unsubscribe":
                //取消关注后用户不会再收到公众账号发送的消息,因此不需要回复
                break;
            case "pic_photo_or_album":
            xml = TextMessageToXML.processPhotoOrAlbum(fromUserName, toUserName);
                return xml;
            case "click":
                eventKey = requestMap.get("EventKey");
                if (eventKey.equals("QQ")) {
                    Article article = new Article();
                    article.setTitle("QQ的联系方式");
                    article.setDescription("QQ不一定能及时回复.");
                    article.setPicUrl("");
                    article.setUrl("http://qq.com");
                    List<Article> articleList = new ArrayList<Article>();
                    articleList.add(article);
                    xml = TextMessageToXML.newsToXML(requestMap, articleList);
                    return xml;
                } else if (eventKey.equals("WeiXin")) {
                    content = "微信号:jsnuws";
                } else if (eventKey.equals("Phone")) {
                    content = "手机号:12345678901";
                } else if (eventKey.equals("Email")) {
                    content = "邮箱:6780912345@qq.com";
                }  else if (eventKey.equals("weather")) {
                    content = WeatherService.getInfo("徐州");
                } else if (eventKey.equals("translate")) {
                    content = "<![CDATA[" +
                          "<a  href=\"https://fanyi.baidu.com\">百度翻译</a>" +
                          "\n" +
                          "<a  href=\"http://nmt.youdao.com\">有道翻译</a>" +
                          "]]>";
                }  else if (eventKey.equals("other")) {
                content = "<![CDATA[" +
                                "请回复您要解决问题的编号:\n" +
"1.<a  href=\"http://wswxgzh.gz2vip.idcfengye.com/cookMenuInfo\">查询菜谱</a>\n" +
"2.<a  href=\"http://wswxgzh.gz2vip.idcfengye.com/telephoneService\">查询电话服务</a>\n" +
```

```
"3.<a href=\"http://wswxgzh.gz2vip.idcfengye.com/stockInfo\">查找股票信息</a>\n" +
"4.<a href=\"http://wswxgzh.gz2vip.idcfengye.com/otherInfo\">其他</a>" +
                                    "]]>";
                            }
                        break;
                        default:
                            break;
                    }
                    xml = TextMessageToXML.messageToXML(requestMap,content);
                    return xml;
                }
        } catch (Exception e) {
            e.printStackTrace();
        }
        return "error";
    }
}
```

15.1.3 创建类 SelectController 和辅助工作

在包 edu.bookcode.caseex 中创建类 SelectController，代码如例 15-3 所示。

【例 15-3】 类 SelectController 的代码示例。

```
package edu.bookcode.caseex;
import com.show.api.ShowApiRequest;
import edu.bookcode.exofsemantic.QueryDataTemplate;
import edu.bookcode.service.TemptTokenUtil;
import net.sf.json.JSONObject;
import org.springframework.stereotype.Controller;
import org.springframework.ui.Model;
import org.springframework.web.bind.annotation.RequestMapping;
@Controller
public class SelectController {
 @RequestMapping("/cookMenuInfo")
 public String selectCookMenuInfo(Model model)  {
      String tokenString = new TemptTokenUtil().getTokenInfo();
      String data = "{\n" +
                "\"query\":\"附近有什么川菜馆?\",\n" +
                "\"category\":\"restaurant\"," +
                "\"city\" :\"徐州\" , " +
                "\"appid\":\"wxd2f278459c83a8e2\",\n" +
                "\"uid\":\"obKWL6Q6awrcWSKz3LeSmcOYubfc\"\n" +
                "}";
      JSONObject jsonObject = QueryDataTemplate.query(tokenString,data);
      String answer = jsonObject.getJSONObject("semantic").getJSONObject("details").
      get("answer").toString();
      model.addAttribute("answer",answer);
      String query = jsonObject.get("query").toString();
      model.addAttribute("query",query);
```

```
        return "cookMenuInfo";
    }
    @RequestMapping("/telephoneService")
    public String selectTelephoneService(Model model) {
        String tokenString = new TemptTokenUtil().getTokenInfo();
        String data  =  "{\n"  +
                "\"query\":\"招商银行的客服电话?\",\n"  +
                "\"category\":\"telephone\","  +
                "\"city\" :\"徐州\" , " +
                "\"appid\":\"wxd2f278459c83a8e2\""  +
                "}";
        JSONObject jsonObject = QueryDataTemplate.query(tokenString,data);
        String telephone = jsonObject.getJSONObject("semantic").getJSONObject("details").get
        ("telephone").toString();
        model.addAttribute("telephone",telephone);
        String query = jsonObject.get("query").toString();
        model.addAttribute("query",query);
        return "telephoneService";
    }
    @RequestMapping("/stockInfo")
    public String selectStockInfo(Model model) {
        String tokenString = new TemptTokenUtil().getTokenInfo();
        String data  =  "{\n"  +
                "\"query\":\"查一下腾讯股价?\",\n"  +
                "\"category\":\"stock\","  +
                "\"city\" :\"徐州\" , " +
                "\"appid\":\"wxd2f278459c83a8e2\""  +
                "}";
        JSONObject jsonObject = QueryDataTemplate.query(tokenString,data);
        String name = jsonObject.getJSONObject ("semantic").getJSONObject ("details").get ("
        name").toString();
        model.addAttribute("name",name);
        String code = jsonObject.getJSONObject ("semantic").getJSONObject ("details").get ("
        code").toString();
        model.addAttribute("code",code);
        String query = jsonObject.get("query").toString();
        model.addAttribute("query",query);
        return "stockInfo";
    }
    //其他,车票
    @RequestMapping("/otherInfo")
    public String selectOtherInfo(Model model) {
        String tokenString = new TemptTokenUtil().getTokenInfo();
        String data  =  "{\n"  +
                "\"query\":\"明天从徐州到上海的高铁?\",\n"  +
                "\"city\":\"徐州\",\n"  +
                "\"category\": \"train\",\n"  +
                "\"appid\":\"wxd2f278459c83a8e2\",\n"  +
                "\"uid\":\"gh_0acb8bcc8eef\"\n"  +
                "}";
        QueryDataTemplate.query(tokenString,data);
```

```
        JSONObject jsonObject = QueryDataTemplate.query(tokenString,data);
        String answer = jsonObject.getJSONObject("semantic").getJSONObject("details").get("
        answer").toString();
        model.addAttribute("answer",answer);
        String query = jsonObject.get("query").toString();
        model.addAttribute("query",query);
        String date = jsonObject.getJSONObject("semantic").getJSONObject("details").getJSONObject
        ("start_date").get("date").toString();
        String year = date.substring(0,4);
        String month = date.substring(5,7);
        String day = date.substring(8,10);
        String dateString  =  year + month + day;
        //万维易源的 API
        JSONObject res = new JSONObject(new ShowApiRequest("http://route.showapi.com/1651 - 1",
        "687529","8c70538822b94c21b80a9f4cecf6b89c")
                    .addTextPara("departStation","徐州")
                    .addTextPara("arrivalStation","上海")
                    .addTextPara("date",dateString)
                    .addTextPara("type","1")
                    .post());
        String result = res.getJSONObject("showapi_res_body").get("trains").toString();
        System.out.println(result);
        model.addAttribute("result",result);
        return "otherInfo";
    }
}
```

例 15-3 中用到了万维易源的 API，需要注册、登录到其官方网站，并下载文件 showapi_sdk_java.zip，解压缩后，将其中的文件 showapi_sdk_java.jar 添加到本项目中，并按照公开方法调用接口。

15.1.4 创建类 CaseController

在包 edu.bookcode.caseex 中创建类 CaseController，代码如例 15-4 所示。

【例 15-4】 类 CaseController 的代码示例。

```
package edu.bookcode.caseex;
import edu.bookcode.util.OutAndSendUtil;
import org.springframework.web.bind.annotation.RequestMapping;
import org.springframework.web.bind.annotation.RestController;
import javax.servlet.ServletException;
import javax.servlet.http.HttpServletRequest;
import javax.servlet.http.HttpServletResponse;
import java.io.IOException;
@RestController
public class CaseController {
 @RequestMapping("/")
 public void testMenu (HttpServletRequest request, HttpServletResponse response) throws
ServletException, IOException {
```

```
        request.setCharacterEncoding("UTF-8");
        response.setCharacterEncoding("UTF-8");
        String respXml = MenuService.processRequest(request, response);
        String xml;
        xml = respXml;
        OutAndSendUtil.sendMessageToWXAppClient(xml,response);
    }
}
```

15.1.5 创建文件 cookMenuInfo.html

在项目 src\main\resources\templates 目录下创建文件 cookMenuInfo.html，文件 cookMenuInfo.html 的代码如例 15-5 所示。

【例 15-5】 文件 cookMenuInfo.html 的代码示例。

```
<!DOCTYPE html>
<html lang="en">
<head>
    <meta charset="UTF-8">
    <title>找饭馆</title>
</head>
<body>
<h1>问题:</h1><h1><div th:text="${query}"></div></h1>
<br>
<h1>应答:</h1><h1><div th:text="${answer}"></div></h1>
</body>
</html>
```

15.1.6 创建文件 telephoneService.html

在项目 src\main\resources\templates 目录下创建文件 telephoneService.html，文件 telephoneService.html 的代码如例 15-6 所示。

【例 15-6】 文件 telephoneService.html 的代码示例。

```
<!DOCTYPE html>
<html lang="en">
<head>
    <meta charset="UTF-8">
    <title>查电话</title>
</head>
<body>
<h1>问题:</h1><h1><div th:text="${query}"></div></h1>
<br>
<h1>应答:</h1><h1><div th:text="${telephone}"></div></h1>
</body>
</html>
```

15.1.7 创建文件 stockInfo.html

在项目 src\main\resources\templates 目录下创建文件 stockInfo.html，文件 stockInfo.html 的代码如例 15-7 所示。

【例 15-7】 文件 stockInfo.html 的代码示例。

```
<!DOCTYPE html>
<html lang = "en">
<head>
    <meta charset = "UTF-8">
    <title>股票信息</title>
</head>
<body>
<h1>问题:</h1><h1><div th:text = "${query}"></div></h1>
<br>
<h1>问题解读:</h1>
<h1>股票名称为<div th:text = "${name}"></div></h1>
<br>
<h1>股票代码为<div th:text = "${code}"></div></h1>
</body>
</html>
```

15.1.8 创建文件 otherInfo.html

在项目 src\main\resources\templates 目录下创建文件 otherInfo.html，文件 otherInfo.html 的代码如例 15-8 所示。

【例 15-8】 文件 otherInfo.html 的代码示例。

```
<!DOCTYPE html>
<html lang = "en">
<head>
    <meta charset = "UTF-8">
    <title>出行信息</title>
</head>
<body>
<h1>问题:</h1><h1><div th:text = "${query}"></div></h1>
<br>
<h1>应答:</h1><h1><div th:text = "${answer}"></div></h1>
<br>
<h1><div th:text = "${result}"></div></h1>
</body>
</html>
```

15.2 程序功能和说明

15.2.1 运行程序并关注公众号

启动内网穿透工具后，运行类 InitMenu，再按照例 14-7 中注释给出的提示修改

WxJavaController 的相对地址，并再次运行项目入口类 WxgzptkfbookApplication。

在手机微信关注公众号，微信公众号回复文本消息"谢谢您的关注！"，如图 15-1 所示。

图 15-1　在手机微信关注公众号后微信公众号回复文本消息"谢谢您的关注！"

15.2.2　菜单信息和菜单功能说明

手机微信公众号中第 1 级菜单如图 15-1 底部所示（请和图 5-1 对比），第 2 级菜单第 1 列如图 15-2 所示（请和图 5-2 对比），第 2 级菜单第 2 列如图 15-3 所示（请和图 5-3 对比），第 2 级菜单第 3 列如图 15-4 所示（请和图 5-4 对比）。单击图 15-2 中的"Spring Cloud 微服务开发实战"菜单项，跳转到对应网址的图书页面，如图 15-5 所示（请和图 5-5 对比）。

图 15-2　第 2 级菜单第 1 列（图书）在手机微信公众号中的输出

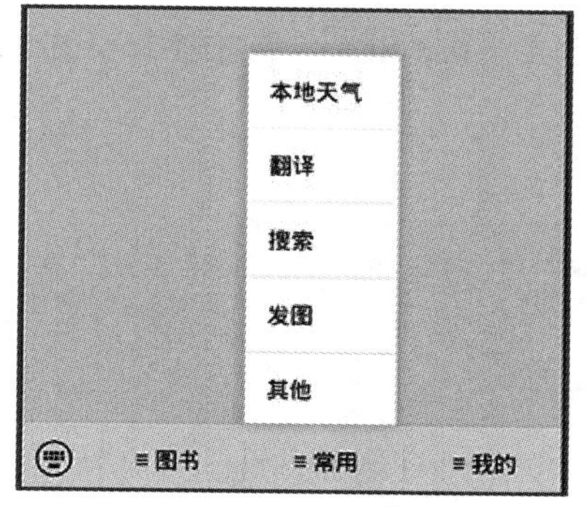

图 15-3　第 2 级菜单第 2 列（常用）在手机微信公众号中的输出

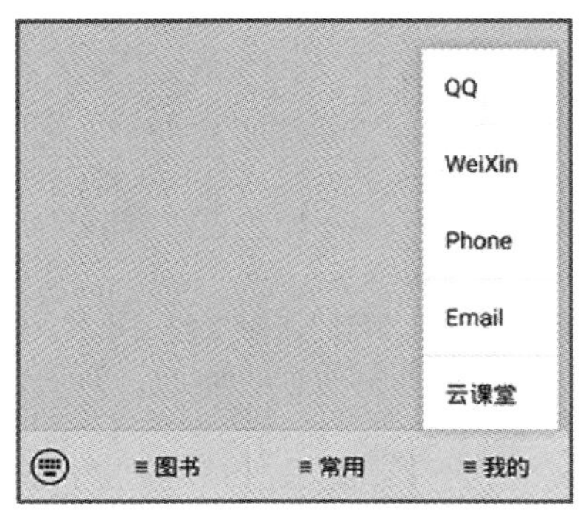

图 15-4　第 2 级菜单第 3 列（我的）在手机微信公众号中的输出

图 15-5　单击图 15-2 中的“Spring Cloud 微服务开发实战”菜单项后跳转到对应网址的图书页面

单击图 15-3 中的“本地天气”菜单项后手机微信公众号中的输出如图 15-6 所示，此时控制台中的输出如图 15-7 所示（和图 12-1 的结果相似，只是不同日期天气内容有差异）。单击图 15-3 中的“翻译”菜单项后手机微信公众号中的输出如图 15-8 所示。单击图 15-3 中的“搜索”菜单项后自动跳转到百度首页。单击图 15-3 中的“发图”菜单项，结果如图 15-9 所示（请和图 5-6 对比）。单击图 15-3 中的“其他”菜单项，结果如图 15-10 所示。

徐州温度：28，湿度：76，风向：东北风，风力：2级，空气质量：42。

图 15-6　单击图 15-3 中的“本地天气”菜单项后手机微信公众号中的输出

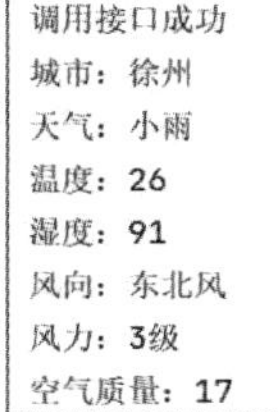
调用接口成功
城市：徐州
天气：小雨
温度：26
湿度：91
风向：东北风
风力：3级
空气质量：17

图 15-7　单击图 15-3 中的“本地天气”菜单项后控制台中的输出

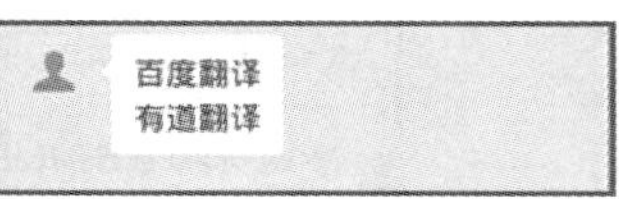

图 15-8　单击图 15-3 中的“翻译”菜单项后手机微信公众号中的输出

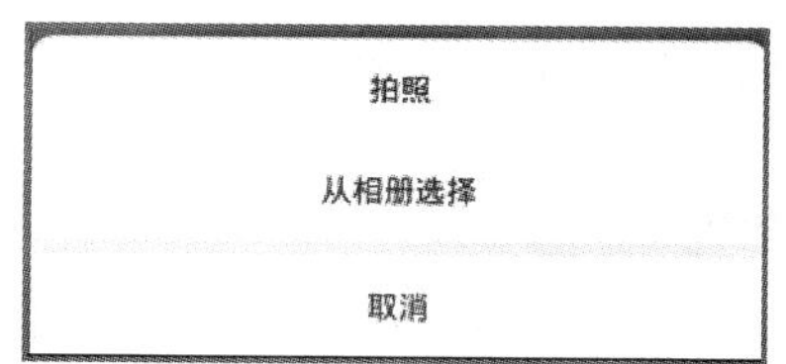

图 15-9 单击图 15-3 中的“发图”菜单项后手机微信公众号中的输出

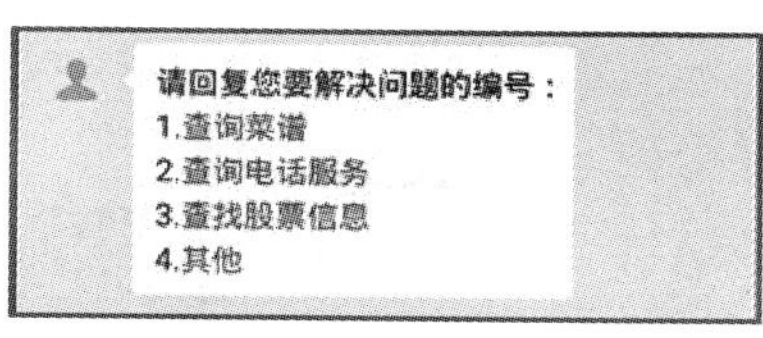

图 15-10 单击图 15-3 中的“其他”菜单项后手机微信公众号中的输出

单击图 15-10 中的“查询菜谱”菜单项，微信公众号中的输出如图 15-11 所示，控制台中的输出如图 15-12 所示。单击图 15-10 中的“查询电话服务”菜单项，微信公众号中的输出如图 15-13 所示，控制台中的输出如图 15-14 所示。单击图 15-10 中的“查找股票信息”菜单项，微信公众号中的输出如图 15-15 所示，控制台中的输出如图 15-16 所示。单击图 15-10 中的“其他”菜单项，微信公众号中的输出如图 15-17 所示，控制台中的输出如图 15-18 所示。

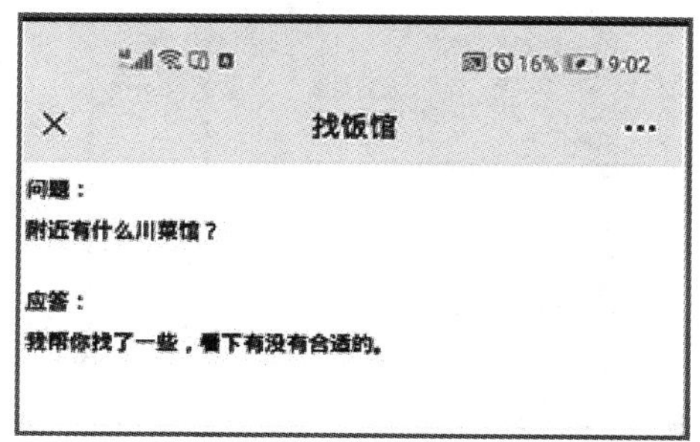

图 15-11 单击图 15-10 中的“查询菜谱”菜单项后手机微信公众号中的输出

```
{"errcode":0,"semantic":{"details":{"context_info":{"null_times":"1","isFinished":"1"},"hit_str":"附近 有 什么 川菜 馆 ","answer":"我帮你找了一些，看下有没有合适的。","category":"川菜"},"intent":"SEARCH"},"query":"附近有什么川菜馆？","type":"restaurant"}
```

图 15-12 单击图 15-10 中的“查询菜谱”菜单项后控制台中的输出

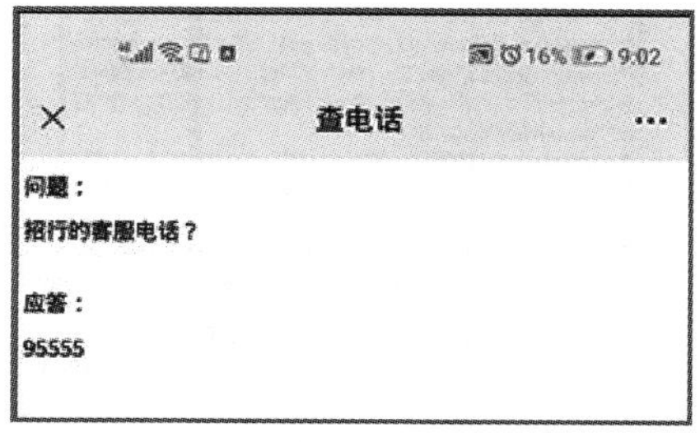

图 15-13 单击图 15-10 中的“查询电话服务”菜单项后手机微信公众号中的输出

```
{"errcode":0,"semantic":{"details":{"context_info":{},"hit_str":"招行 的 客服 电话 ","answer":"","name":"招行","telephone":"95555"},"intent":"SEARCH"},"query":"招行的客服电话？","type":"telephone"}
```

图 15-14 单击图 15-10 中的“查询电话服务”菜单项后控制台中的输出

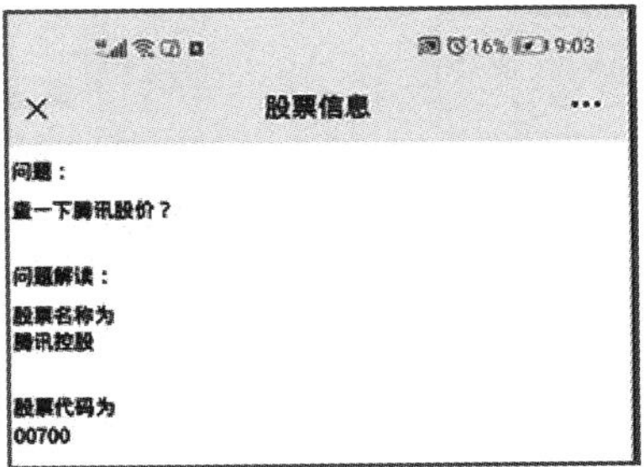

图 15-15　单击图 15-10 中的“查找股票信息”菜单项后手机微信公众号中的输出

```
{"errcode":0,"semantic":{"details":{"context_info":{},"hit_str":"查 一下 腾讯 股价 ","code":"00700",
 "answer":"","name":"腾讯控股","category":"hk"},"intent":"SEARCH"},"query":"查一下腾讯股价？",
 "type":"stock"}
```

图 15-16　单击图 15-10 中的“查找股票信息”菜单项后控制台中的输出

图 15-17　单击图 15-10 中的“其他”菜单项后手机微信公众号中的输出

依次单击图 15-4 中 QQ、WeiXin、Phone、Email 等菜单项，结果如图 5-19 所示（请和图 5-7 对比）。单击图 15-4 中的“云课堂”菜单项，跳转到编者在网易云课堂的首页，结果如图 5-20 所示。

```
{"errcode":0,"semantic":{"details":{"hit_str":"明天 从 徐州 到 上海 的 高铁 ","answer":"好的，你需要预定的车
票出发地点是徐州市,抵达地点是上海市,出发时间是2021-07-28,我们为您搜索到如下车票信息：","end_loc":{"city":"上海市
","type":"LOC_CITY","loc_ori":"上海","city_simple":"上海"},"start_loc":{"province":"江苏省","city":"徐
州市","province_simple":"江苏|苏","type":"LOC_CITY","loc_ori":"徐州","city_simple":"徐州"},
"category":"G","pre_sub_type":"SEARCH","start_date":{"date":"2021-07-28","week":"3",
"date_lunar":"2021-06-19","date_ori":"明天","type":"DT_ORI"}},"intent":"SEARCH"},"query":"明天从徐州到
上海的高铁？","type":"train"}
[{"startPassType":1,"note":"","departTime":"02:35","serialNum":1,"tickets":{"noseat":{"downPrice":0,
"waitBuyFlag":"0","price":91,"seatState":0,"seatName":"无座","upPrice":0,"seats":"0","midPrice":0},
"hardsleepermid":{"downPrice":169,"waitBuyFlag":"1","price":169,"seatState":0,"seatName":"硬卧
","upPrice":158,"seats":"0","midPrice":164},"hardseat":{"downPrice":0,"waitBuyFlag":"1","price":91,
"seatState":1,"seatName":"硬座","upPrice":0,"seats":"3","midPrice":0},
"softsleeperdown":{"downPrice":288,"waitBuyFlag":"1","price":288,"seatState":0,"seatName":"软卧
","upPrice":243,"seats":"0","midPrice":0}},"trainType":"Z","saleType":"0","bookingState":1,
"arrivalPassType":1,"identityCard":1,"departStation":"徐州","arrivalStation":"上海南",
```


图 15-18 单击图 15-10 中的“其他”菜单项后控制台中的输出

图 15-19 依次单击图 15-4 中 QQ、WeiXin、Phone、Email 等菜单项的结果

图 15-20 单击图 15-4 中的“云课堂”菜单项的结果

15.2.3 相对地址和 JSON 数据处理的简单说明

在 15 章以前的章节中，为了测试的简便，手动调整程序运行时的相对地址，而本章案例演示了将不同相对地址整合到一起的方法(可参考类 MenuService、类 SelectController 和 4 个 HTML 文件的代码)。

在前面章节的基础上,图 15-11、图 15-13 和图 15-15(及它们对应的示例代码)中演示了对 JSON 格式数据的处理,图 15-17 中对火车的信息仅仅返回了 JSON 数据,没有进一步进行处理,读者可以采用 JSON 格式处理或字符串 String 的处理方法进行处理。

习题 15

实验题

独立完成本章案例的实现。

附录A

测试环境的配置

读者可以扫描下方二维码，获取测试环境的配置文档。

附录B

Spring Boot 开发环境的配置

读者可以扫描下方二维码，获取 Spring Boot 开发环境的配置文档。

参考文献

[1] 微信公众平台官方文档[EB/OL]. https://developers. weixin. qq. com/doc/offiaccount/Getting_Started/Overview. html.

[2] 柳峰. 微信公众平台应用开发：方法、技巧与案例[M]. 北京：电子工业出版社，2014.

[3] 易伟. 微信公众平台搭建与开发揭秘[M]. 2 版. 北京：机械工业出版社，2016.

[4] 钟志勇，何威俊，冯煜博. 微信公众平台应用开发实战[M]. 2 版. 北京：机械工业出版社，2014.

[5] 席新亮. 微信公众平台网页开发实战——HTML5+JSSDK 混合开发解密[M]. 北京：电子工业出版社，2015.

[6] 刘捷. 微信公众平台企业应用开发实战[M]. 北京：电子工业出版社，2015.

[7] 吴胜. 微信小程序开发基础[M]. 北京：清华大学出版社，2018.

[8] 吴胜. Spring Boot 开发实战：微课视频版[M]. 北京：清华大学出版社，2019.

[9] 吴胜. 微信小程序云开发——Spring Boot+Node. js 项目实战[M]. 北京：清华大学出版社，2020.

图书资源支持

感谢您一直以来对清华版图书的支持和爱护。为了配合本书的使用，本书提供配套的资源，有需求的读者请扫描下方的"书圈"微信公众号二维码，在图书专区下载，也可以拨打电话或发送电子邮件咨询。

如果您在使用本书的过程中遇到了什么问题，或者有相关图书出版计划，也请您发邮件告诉我们，以便我们更好地为您服务。

我们的联系方式：

地　　址：北京市海淀区双清路学研大厦 A 座 714

邮　　编：100084

电　　话：010-83470236　010-83470237

客服邮箱：2301891038@qq.com

QQ：2301891038（请写明您的单位和姓名）

资源下载：关注公众号"书圈"下载配套资源。

资源下载、样书申请

书圈

图书案例

清华计算机学堂

观看课程直播